村镇供水行业专业技术人员技能培训丛书

# 供水水质净化 3

## 特殊水质处理工艺的运行管理与水厂自控

主编 赵奎霞

中国水利水电出版社

www.waterpub.com.cn

·北京·

## 内 容 提 要

本书是"村镇供水行业专业技术人员技能培训丛书"中的《供水水质净化》系列第 3 分册,详尽介绍了特殊水质处理工艺的运行管理与水厂自控。全书共分 5 章,包括含铁、含锰水处理工艺与运行管理,含氟水与苦咸水的处理工艺与运行管理,水的软化工艺与运行管理,微污染水处理工艺与运行管理,水厂运行的自动化控制与管理系统等内容。

本书采用图文并茂的编写形式,内容既简洁又不失完整性,深入浅出,通俗易懂,非常适合村镇供水从业人员岗位学习参考,亦可作为职业资格考核鉴定的培训用书。

## 图书在版编目(CIP)数据

供水水质净化. 3, 特殊水质处理工艺的运行管理与
水厂自控 / 赵奎霞主编. -- 北京 : 中国水利水电出版
社, 2016.10
(村镇供水行业专业技术人员技能培训丛书)
ISBN 978-7-5170-4872-5

Ⅰ. ①供… Ⅱ. ①赵… Ⅲ. ①水厂-给水处理-净水
Ⅳ. ①TU991.2

中国版本图书馆CIP数据核字(2016)第273661号

| | | |
|---|---|---|
| 书 名 | 村镇供水行业专业技术人员技能培训丛书<br>**供水水质净化 3**<br>**特殊水质处理工艺的运行管理与水厂自控**<br>GONGSHUI SHUIZHI JINGHUA 3 TESHU SHUIZHI<br>CHULI GONGYI DE YUNXING GUANLI YU SHUICHANG<br>ZIKONG | |
| 作 者 | 主编 赵奎霞 | |
| 出版发行 | 中国水利水电出版社<br>(北京市海淀区玉渊潭南路 1 号 D 座 100038)<br>网址:www.waterpub.com.cn<br>E-mail:sales@waterpub.com.cn<br>电话:(010)68367658(营销中心) | |
| 经 售 | 北京科水图书销售中心(零售)<br>电话:(010)88383994、63202643、68545874<br>全国各地新华书店和相关出版物销售网点 | |
| 排 版 | 中国水利水电出版社微机排版中心 | |
| 印 刷 | 三河市鑫金马印装有限公司 | |
| 规 格 | 140mm×203mm 32 开本 2.875 印张 78 千字 | |
| 版 次 | 2016 年 10 月第 1 版 2016 年 10 月第 1 次印刷 | |
| 印 数 | 0001—3000 册 | |
| 定 价 | **10.00 元** | |

# 《村镇供水行业专业技术人员技能培训丛书》
# 编写委员会

主　任：刘　敏

副主任：江　洧　胡振才

编委会成员：黄其忠　凌　刚　邱国强　曾志军
　　　　　　陈燕国　贾建业　张芳枝　夏宏生
　　　　　　赵奎霞　兰　冰　朱官平　尹六寓
　　　　　　庄中霞　危加阳　张竹仙　钟　雯
　　　　　　滕云志　曾　文

项目责任人：张　云　谭　渊

培训丛书主编：夏宏生

《供水水质检测》主编：夏宏生

《供水水质净化》主编：赵奎霞

《供水管道工》主编：尹六寓

《供水机电运行与维护》主编：庄中霞

《供水站综合管理员》主编：危加阳

# 序

近年来，各级政府和行业主管部门投入了大量人力、物力和财力建设农村饮水安全工程，而提高农村供水从业人员的专业技术和管理水平，是使上述工程发挥投资效益、可持续发展的关键措施。目前，各地乃至全国都在开展相关的培训工作，旨在以此方式提高基层供水单位的运行及管理的专业化水平。

与城市集中式供水相比，农村集中式供水是一项新型的、方兴未艾的事业，急需大量的、各层次的懂技术、会管理的专业人才，而基层人员又是重要的基础和保证。本丛书的编者们结合工程实践、提炼技术关键、总结管理经验，认真分析基层供水行业技术和管理人员的基础知识和认知能力，依据农村供水行业各工种岗位应知应会的要求，编写了这套由浅入深、图文并茂、通俗易懂、操作指导性强的系列丛书，以方便农村供水从业人员在日常工作中学习、查阅和操作。该丛书按照工种岗位职业资格标准编写，体现出了职业性、实用性、通俗性和前瞻性，可作为相关部门和企业定岗考核的重要参考依据，也可供各地行业主管部门作为培训的参考资料。

本丛书的出版是对我国现有农村供水行业读物的

一个新的补充和有益尝试，我从事农村饮水安全事业多年，能看到这样的读物出版，甚为欣慰，故以此为序。

2013 年 5 月

# 前　言

　　我国村镇集中式供水与城市供水相比是一项新兴的事业，开展村镇供水行业技术人员的培训是提高村镇供水从业人员技术和管理能力、推进在村镇供水行业中有步骤开展职业资格证制度的一项重要基础性工作。在总结广东省村镇供水行业技术人员培训工作和对现有村镇供水培训教材调研的基础上，编写一套针对性强，方便学习、查阅和指导日常操作的培训丛书是十分必要和迫切的。在广东省水利厅的大力支持下，组织有关专家编写了本套"村镇供水行业专业技术人员技能培训丛书"，以满足村镇供水从业人员技能培训和职业技能鉴定的需要。丛书以工种岗位职业资格标准为大纲，体现职业性、实用性、通俗性和前瞻性。

　　本丛书共包括《供水水质检测》《供水水质净化》《供水管道工》《供水机电运行与维护》《供水站综合管理员》等5个系列，每个系列又包括1～3本分册。丛书内容简明扼要、深入浅出、图文并茂、通俗易懂，具有易读、易记和易查的特点，非常适合村镇供水行业从业人员阅读和学习。丛书可作为培训考证的学习用书，也可作为从业人员岗位学习的参考书。

　　本丛书的出版是对现有村镇供水行业培训教材的一

个新的补充和尝试，如能得到广大读者的喜爱和同行的认可，将使我们倍感欣慰、备受鼓舞。

村镇供水从其管理和运行模式的角度来看是供水行业的一种新类型，因此编写本套丛书是一种尝试和挑战。在编写过程中，在邀请供水行业专家参与编写的基础上，还特别邀请了村镇供水的技术负责人与技术骨干担任丛书评审人员。由于对村镇供水行业从业人员认知能力的把握还需要不断提高，书中难免有很多不足之处，恳请同行和读者提出宝贵意见，使培训丛书在使用中不断提高和日臻完善。

丛书编委会

2013 年 5 月

# 目　录

# 第1章 含铁、含锰水处理工艺与运行管理

由于地表水中的铁、锰主要是以不溶解的 $Fe(OH)_3$ 和 $MnO_2$ 形式存在，因而铁、锰含量不高，一般不需除铁、除锰的处理。而我国地下水中铁的含量多为 $5\sim10mg/L$，锰的含量为 $0.5\sim2.0mg/L$。铁和锰共存于地下水中，但含铁量往往高于含锰量。由于地层对地下水的过滤作用，一般地下水只含有溶解性的铁化合物，所以在地下水中主要以2价铁离子（$Fe^{2+}$）的形式存在；锰在地下水中主要以溶解度高的2价锰离子（$Mn^{2+}$）的形式存在。铁、锰的高含量会使水产生色、嗅、味；用于造纸、纺织、制革、化工等行业时，会影响其产品质量。因此，依照我国饮用水卫生标准中规定，铁含量超过 $0.3mg/L$、锰含量超过 $0.1mg/L$ 的原水必须进行除铁、除锰处理。

铁和锰在水中都以2价的离子形式存在，地下水除铁、除锰是氧化还原过程。去除地下水中的铁、锰都利用同一原理，主要是把溶解的离子转化为沉淀物分离出来，即将溶解状态的2价铁、2价锰氧化成悬浮状态的3价铁、4价锰，使其能由水中沉淀析出，再经过滤料层过滤即可达到去除的目的。铁和锰的氧化还原反应受环境因素的影响变化很大，铁的氧化还原电位比锰低，氧化速率较锰快，所以铁比锰易于去除。

## 1.1 除铁、除锰方法概述

### 1.1.1 地下水除铁方法

地下水中铁的存在形态主要是2价铁离子，因此可利用氧化

剂将 2 价铁离子氧化成氢氧化铁沉淀而除去水中的铁。常用的氧化剂有氧、氯和高锰酸钾等，其中，利用空气中的氧气最方便、经济。我国除铁技术中，应用最多的就是以空气中的氧为氧化剂的接触氧化除铁法。

接触氧化除铁法即是使含铁地下水经曝气后即刻进入滤池进行过滤，利用滤料颗粒表面形成的铁质活性滤膜的接触催化作用，将 2 价铁氧化成 3 价铁，并附着在滤料表面。整个过程包括曝气和过滤两个单元，且催化氧化和截留去除在滤池中一次完成。

## 1.1.2　地下水除锰方法

锰常与铁共存于地下水中，但相同 pH 值时 2 价铁比 2 价锰的氧化速度快，即 2 价铁会阻碍 2 价锰的氧化。因此，对于铁、锰共存的地下水，应先除铁再除锰。

单独除锰采用与除铁相同的接触氧化法，工艺过程也是先曝气再过滤。只是在接触氧化除锰工艺中，滤料的成熟期较除铁长得多。主要与原水的含锰量有关：如原水含锰量高，成熟期需 60～70d；含锰量低，则需 90～120d，甚至更长。其次，滤料的成熟期也和滤料有关。滤料种类、滤料粒径及滤层厚度等和除铁相同。

地下水中的铁、锰也可在同一滤池的滤层中去除，上部滤层为除铁层，下部滤层为除锰层，如图 1.1.1 所示。

含铁、含锰水的处理方法及工艺情况汇总见表 1.1.1。

当水中含铁、锰量较高时，为防止除铁层向下延伸压缩除锰层引起锰泄漏而使滤后水不符合水质标准，一般是采用曝气、两级过滤处理工艺，即经过曝气的含铁含锰地下水，先进入除铁滤池，再进入除锰滤池。

## 1.1.3　曝气装置

曝气装置常用跌水曝气、喷淋曝气、射流曝气、曝气塔曝气等形式。

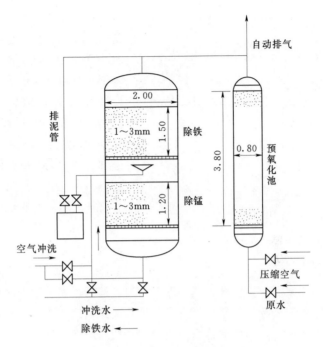

图 1.1.1　除铁、除锰双层滤池

表 1.1.1　含铁、含锰水的处理方法及工艺情况汇总

| 方法 | 除铁、除锰 | | |
| --- | --- | --- | --- |
| | 接触氧化法 | 生物固锰除锰法 | 曝气两级过滤法 |
| 工艺流程 | 含铁水→曝气→过滤→除铁水 | 含铁锰水→生物除锰固锰装置→曝气→除铁、锰水 | 含铁、锰水→曝气→一级过滤→二级过滤→除铁、锰水 |
| 适用情况 | 只能在水的 pH 值不低于 7.0 的条件下可能较有效去除 2 价铁 | 当原水中含铁量低于 6.0mg/L、含锰量低于 1.5mg/L 时，可采用生物固锰除锰法 | 当地下水含铁量、含锰量较高时，可采用曝气两级过滤工艺。<br>当地下水中含铁量大于 10mg/L、含锰量大于 2.0mg/L 时，一般采用两级曝气、两级过滤的工艺流程 |

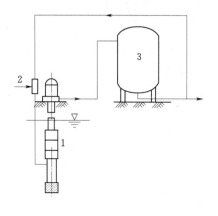

如图 1.1.2 所示，射流曝气装置适合于地下水中铁、锰含量不高且不必为提高 pH 值需要消除水中二氧化碳的小型除铁锰装置。图 1.1.3 所示为莲蓬头曝气装置，装置中单个莲蓬头的服务面积一般为 1.0～1.5m²，莲蓬头孔口直径为 4～8mm，安装深度为滤池液面以下 1.5～2.5m。该曝气装置除莲

**图 1.1.2 射流曝气装置**
1—深井泵；2—水射器；3—除铁滤池

蓬头易堵塞需常更换外，具有曝气均匀、运行可靠、管理简单等优点。曝气塔曝气装置中填有多层板条或焦炭或矿渣填料层，如图 1.1.4 所示，当含铁锰水由塔顶的穿孔管向下喷淋通过填料层时，氧便会溶入其中。这样水与空气接触时间长，充氧效果较好。

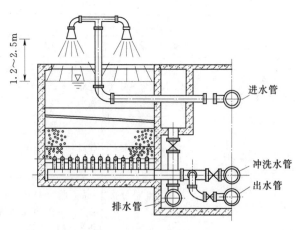

**图 1.1.3 莲蓬头曝气装置**

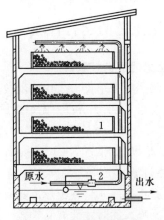

**图 1.1.4　曝气塔曝气装置**

1—焦炭层；2—浮球阀

各类曝气装置的特点列于表 1.1.2 中。

表 1.1.2　　　　　　　各类曝气装置的特点

| 曝气方式 | 特　点 | 适用范围 |
|---|---|---|
| 跌水曝气 | 跌水曝气的曝气构造简单，操作方便，便于灵活应用，也可充分利用滤池进水的跌水装置，当需要进一步提高水中溶解氧浓度时，可再增大跌水高度或采取多级跌水措施 | 适用并广泛用于小型供水工程 |
| 喷淋曝气 | 曝气装置常设在重力式除铁滤池之上。曝气效果好，能满足大多数地下水除铁要求，无需机械设备，操作简单。但当含铁量高时孔眼易堵塞，应注意通风 | 适用于含铁量小于10mg/L 的曝气装置 |
| 射流曝气 | 曝气装置除莲蓬头易堵塞需常更换外，具有曝气均匀、运行可靠、管理简单等优点 | 适合地下水中铁、锰含量不高且不必要提高 pH 值需要消除水中二氧化碳的小型除铁、锰装置 |
| 曝气塔曝气 | 曝气塔曝气装置中填有多层板条或焦炭或矿渣填料层，当含铁、含锰水由塔顶的穿孔管向下喷淋通过填料层时，氧便会溶入其中。这样水与空气接触时间长，充氧效果较好 | 曝气效果好，氧的利用率较高，且不易被铁质堵塞，适用于含铁量较高的地下水曝气 |

## 1.2 除铁、除锰工艺的运行管理

### 1.2.1 除铁、除锰滤池的运行管理

除铁、除锰滤池一般采用重力式快滤池或压力式滤池，滤料采用石英砂（粒径为0.5～1.2mm）、无烟煤或锰砂（粒径为0.6～2.0mm）（图1.2.1）等。当锰含量较高时，宜采用锰砂滤料。重力式快滤池滤层厚度采用700～1000mm；压力式滤池采用1000～1500mm。在过滤单元中，滤料存在着一个成熟期，即随着过滤的进行，在滤料表面才会逐渐形成具有催化作用的棕黄色或黄褐色铁质活性滤膜，此时才会有除铁效果。所以，一般滤池投入使用4～20d后出水含铁量才能达到饮用水水质标准。滤料成熟期的长短与滤料、原水水质及滤池运行参数等因素有关，如石英砂的成熟期要比锰砂长。

图1.2.1 除铁、除锰专用锰砂滤料

除铁、除锰滤池的运行管理要点见表1.2.1。

表1.2.1 除铁、除锰滤池的运行管理要点

| 内容 | 除铁、除锰滤池运行管理要点 |
| --- | --- |
| 滤料的装填 | 除铁、除锰滤料在装填前应按设计要求认真对滤料进行筛选，筛选后自下而上，由大到小逐层装填。 |
| | 滤料装填后应及时进行反冲洗，水流自下而上，将粒径不合格的滤料砂粉末及泥水及时冲洗走，直至出水澄清才能正式投入运行 |

| 内容 | 除铁、除锰滤池运行管理要点 |
|---|---|
| 初运行 | 当采用石英砂滤料时，开始应在低滤速下进行，待氧化膜形成后再加大滤速。<br>初运行时，反冲洗水量不宜过大，强度不宜过高，仅以松动滤层为主，以免影响生物性滤膜形成 |
| 反冲洗 | 当进出水压力表差值达到允许水头损失值时，应对滤料进行反冲洗；当滤后水中铁、锰含量超出规定值后（铁不大于 0.3mg/L，锰不大于 0.1mg/L）也应立即进行反冲洗 |
| 参数控制 | 生物滤池可控制的运行参数主要是滤速和反冲洗强度。为保证微生物稳定适宜的生存环境，发挥滤池的正常处理效果，应严禁突然加大滤速，如果需要应考虑滤层的适应过程，每次滤速变化量不超过 1m/h，严格按要求进行反冲洗 |
| 维护与保养 | 除铁、除锰滤池（滤罐）滤料，每年应进行翻砂整理，捣碎黏结在一起的大块，并观察滤料层厚度，如发现滤层减少，应补足滤料 |

## 1.2.2 除铁、除锰滤罐的运行管理

除铁、除锰滤罐的运行管理及维护保养要点见表 1.2.2。

表 1.2.2　除铁、除锰滤罐的运行管理及维护保养要点

| 除铁、除锰罐运行管理要点 | 除铁、除锰罐维护保养要点 |
|---|---|
| （1）当装置出水含铁量或含锰量超过国家《生活饮用水卫生标准》（GB 5749—2006）时应进行反冲洗，当滤层水头损失达到 1.5～2.5m 时，也应进行反冲洗；冲洗前应检查清水池或高位水池的水量是否充足。<br>（2）反冲洗时，滤层表面以上一般应有一定水深，要缓慢开启反冲洗阀门，并应控制反冲洗强度，防止冲乱滤层和承托层。<br>（3）除铁、除锰装置在滤料反冲洗后，要求滤料层清洁，滤料面平整。<br>（4）按厂家说明书中规定的工作压力和安全运行的额定压力运行，运行过程中不应超压 | （1）每半年打开人孔对滤料进行全面检查，看滤料是否平整、有无泥球或裂缝；每年要停机保养一次，全面检查后调换机体内损坏零件，检查和补充滤料；每年应进行一次清洗和防腐处理。<br>（2）滤料翻新或添加滤料后，应在运行前用漂白粉或液氯配制成 50mg/L 的含氯水，在装置内浸泡 1d 左右，然后再冲洗一次，即可投入运行。<br>（3）每 3～5 年进行大修理一次。更换和修理各种已损坏和已经淘汰的配套设备，更换零部件及更新滤料 |

# 第 2 章　含氟水与苦咸水的
# 处理工艺与运行管理

## 2.1　含氟水的处理工艺与运行管理

氟是机体生命活动所必需的微量元素之一，适量的氟具有固齿作用，但过量的氟则会产生毒性。我国地下水含氟地区分布范围很广，因长期饮用含氟量高的水可引起以牙齿和骨骼为主的慢性疾病。轻者患氟斑牙，表现为牙釉质损坏、牙齿过早脱落等，重者则骨关节疼痛，甚至骨骼变形弯腰驼背等，完全丧失劳动能力。所以高氟水的危害是严重的，我国《生活饮用水卫生标准》（GB 5749—2006）规定，氟化物不得超过 1.0mg/L；或工程规模不大于 $1000m^3/d$（1 万人以下），含氟量超过 1.2mg/L 时就应设法进行处理。

除氟可采用吸附过滤、混凝、电渗析等方法，我国应用最多的是吸附过滤法。即使含氟水通过滤料，利用吸附剂和离子交换作用，将水中氟离子吸附去除。根据采用的吸附剂不同，可分为活性氧化铝吸附过滤法和骨炭过滤法。

### 2.1.1　活性氧化铝吸附过滤法

除氟用的活性氧化铝为白色颗粒状多孔吸附剂（图 2.1.1），有较大的表面积。使用前，活性氧化铝须用硫酸铝溶液进行活化，反应式为

$$(Al_2O_3)_n \cdot 2H_2O + SO_4^{2-} \longrightarrow (Al_2O_3)n \cdot H_2SO_4 + 2OH^-$$

$$(2.1.1)$$

除氟反应式为

$$(Al_2O_3)n \cdot H_2SO_4 + 2F^- \longrightarrow (Al_2O_3)_n \cdot 2HF + SO_4^{2-} \quad (2.1.2)$$

活性氧化铝的吸附能力用吸附容量表示，1g活性氧化铝所能吸附氟的重量称为吸附容量。吸附容量的大小与原水的含氟量、pH值、活性氧化铝的粒度等因素有关。原水含氟量越高，吸附容量越大；原水的pH值在5～8之间时，活性氧化铝的吸附容量较大；较小的活性氧化铝可获得较大的吸附容量，且容易再生，但反冲洗时因粒径小而易流失。我国多将pH值控制在6.5～7.0之间，粒径一般选择1～3mm。

活性氧化铝吸附过滤除氟装置分为固定床和流动床。固定床滤层厚度为1.1～1.5m，滤速为3～6m/h；流动床滤层厚度为1.8～2.4m，滤速为10～12m/h。

当活性氧化铝滤层失去除氟能力后，需停止运行，对其进行再生后再重复使用。一般先要用原水对滤层进行反冲洗；之后，以1%～2%硫酸铝或1%氢氧化钠溶液为再生液进行再生；再生后还须用除氟水进行反冲洗，然后进水除氟直至出水合格为重新运行开始时间。一般再生时间需1.0～1.5h。

图2.1.1　活性氧化铝

操作管理注意事项：滤料首次使用时，必须用5%的硫酸铝溶液浸泡1～3h，并要适当搅拌，再用水冲洗6～8min，方可使用。

活性氧化铝除氟吸附滤池的再生时间，应根据原水水质、吸附容量分为调pH和不调pH。开车运行后，应记录运行时间，运行一定时间后，应掌握其运行周期。当滤池出水氟含量不小于

1.0mg/L，应进行再生处理，以保证出厂水氟含量达到国家生活饮用水卫生标准。现场经常观察活性氧化铝球状颗粒表面是否洁白、是否有结板现象。

### 2.1.2 骨炭过滤法

骨炭的主要成分是羟基磷酸三钙，因其是由兽骨燃烧去掉有机质后的产品，故而称为骨炭过滤法，又称为磷酸三钙过滤法。骨炭层失效后，同样需要停止运行进行再生。再生液常用1‰氢氧化钠溶液，再生后需用0.5‰的硫酸溶液中和。

## 2.2 苦咸水的处理工艺与运行管理

### 2.2.1 离子交换法

1. 复床除盐

阴、阳离子交换器串联使用，称为复床。复床除盐常用的系统有强酸-脱气-强碱系统、强酸-弱碱-脱气系统、强酸-脱气-弱碱-强碱系统。

（1）强酸-脱气-强碱系统。

系统由强酸阳床、除$CO_2$器和强碱阴床组成，如图2.2.1所示。原水先通过强酸阳床除去水中的阳离子（出水呈酸性），再通过除$CO_2$器除去$CO_2$，最后由强碱阴床除去水中的阴离子。在运行过程中，可采用逆流再生方式提高出水水质，强碱阴床采

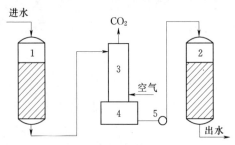

图 2.2.1 强酸-脱气-强碱系统

1—强酸阳床；2—强碱阴床；3—除$CO_2$器；

4—中间水箱；5—水泵

用热碱液再生可提高除硅效果。

强酸-脱气-强碱系统多用于制取脱盐水。

（2）强酸-弱碱-脱气系统。

该系统由强酸阳床、弱碱阴床、除 $CO_2$ 器组成，如图 2.2.2 所示。系统中除 $CO_2$ 器的设置位置要视弱碱树脂的再生剂而定：用 $Na_2CO_3$ 或 $NaHCO_3$ 再生时，水中会增加大量的碳酸，所以脱气应放在最后；若用 $NaOH$ 再生，除 $CO_2$ 器

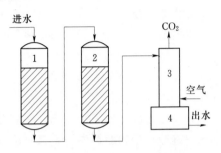

图 2.2.2　强酸-弱碱-脱气系统
1—强酸阳床；2—弱碱阴床；
3—除 $CO_2$ 器；4—中间水箱

在弱碱阴床之前和之后均可。该脱盐系统由于应用了弱碱树脂，不仅提高了交换容量，而且有效降低了再生比耗，多适用于无除硅要求的情况。

（3）强酸-脱气-弱碱-强碱系统。

如图 2.2.3 所示，系统由强酸阳床、除 $CO_2$ 器、弱碱阴床和强碱阴床组成。阴离子交换树脂采用串联再生方式，以氢氧化钠为再生剂，先再生强碱树脂，再再生弱碱树脂，可提高再生剂

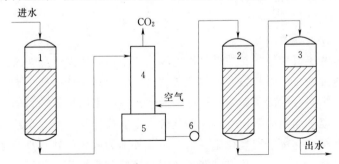

图 2.2.3　强酸-脱气-弱碱-强碱系统
1—强酸阳床；2—弱碱阴床；3—强碱阴床；
4—除 $CO_2$ 器；5—中间水箱；6—水泵

的利用率。该系统适用于原水有机物含量较高、强碱阴离子含量较大的情况。

2. 混合床除盐

混合床是指将阴、阳离子树脂按一定比例混合在一起装填的离子交换器。床中阴离子树脂的体积一般是阳离子树脂的 2 倍，使用时先将二者均匀混合，再生时分层再生。再生方式分为体内再生和体外再生两种。体内再生又分为酸、碱分步再生和同步再生。

分步再生的步骤是：反洗分层→进碱、阴树脂再生→第一次正洗→进酸、阳树脂再生→第二次正洗→阴、阳树脂混合→最后正洗。

混合床对有机物污染很敏感，水进入混合床前，应进行预处理。

混合床中阴、阳离子树脂交替紧密接触，等同于串联的复床除盐系统，使流经的原水进行多次除盐，因而出水水质稳定、纯度较高，且受间断运行方式的影响小。

## 2.2.2 膜分离法

膜分离法有电渗析、反渗透、超滤、微滤等。膜分离是指在某种推动力的作用下，利用特定隔膜的透过性能，达到分离水中离子或分子以及某些微粒的目的。膜分离的推动力是膜两侧的压力差、电位差或浓度差。

1. 电渗析法

电渗析法是指在外加直流电场作用下，利用离子交换膜的选择透过性（即阳膜只允许阳离子透过，阴膜只允许阴离子透过），使水中阴、阳离子做定向迁移，而达到去除水中离子的目的。

离子交换膜实质上就是膜状的离子交换树脂，其化学组成和化学结构与离子交换树脂一致，只是外形为薄膜片状，具有选择透过性。按其选择透过性能，离子交换膜分为阳膜和阴膜，而按其膜体结构，可区分为异相膜、均相膜和半均相膜 3 种。

电渗析法的工作过程如图 2.2.4 所示，外加直流电场的阴极和阳极之间，放置交错排列的阳膜与阴膜，水通过两膜及网膜与两极之间所形成的隔室时，水中阴、阳离子分别向阳极、阴极方向迁移。由于膜的选择透过性，可形成交替排列的淡室（离子浓度减少）和浓室（离子浓度增加）。淡室出水为淡水，浓室出水为浓水，与电极板接触的隔室称为极室，其出水为极水。同时，两电极发生氧化还原反应，使阴极室因溶液呈碱性而结垢，阳极室因溶液呈酸性而腐蚀。

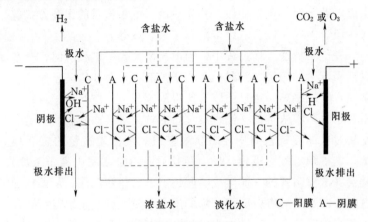

**图 2.2.4　电渗析原理示意图**

电渗析主要应用于苦咸水的除盐。电渗析法在废水处理中也有应用，如电渗析法处理镀镍废液回收镍。对于给水处理，电渗析用于水的淡化，要求获得淡水，排弃浓水；对于废水处理，根据废水组成和处理目的的不同，需要的是淡水或浓水，或二者都需要。给水处理中，隔室采用 3 室布置，且在膜室中进行反应，即浓缩→淡化→浓缩，进入浓、淡室的是同一原水。而在废水处理中，电渗析除 3 室外，还可按 2 室或 4 室布置，进入各室的水流可以是同一原水，也可不是。2 室布置利用的是电极反应，4 室布置可用于复分解反应。

完成电渗析过程的装置称为电渗析器，由压板、电极、电极托板及极框、阴膜、阳膜、浓水隔板、淡水隔板等部件组装并压紧而成。其中，电极材料常采用石墨、铅和不锈钢等。隔板材料有聚氯乙烯、聚丙烯、合成橡胶等。隔板包括有回路式和无回路式两种形式。前者流程长、流速高，一次处理效果好，适用于流量较小且处理要求较高的场合；后者流程短、流速低，要求隔板搅动作用强，水流分布均匀，适用于流量较大而处理要求不高的场合。

一对电极及电极间的阴膜、阳膜称为一级，并联的具有同向水流的若干级（包括一级）称为一段。电渗析器的组装方式有一级一段、多级一段、一级多段和多级多段等。

在电渗析法工作过程中，当电流增大到一定程度时，会在膜界面引起水的离解。此时，若离子扩散不及时，氢离子便会透过阳膜，氢氧根离子透过阴膜，使得阳膜淡室一侧富集过量的氢氧根离子，阳膜浓室的一侧富集过量的氢离子；而阴膜淡室的一侧富集过量的氢氧根离子，阳膜浓室的一侧富集过量的氢氧根离子，这种现象称为极化。发生极化后，由于浓室中离子浓度高，就会在浓室阴膜的一侧生成碳酸钙、氢氧化镁沉淀，从而增加膜电阻，减小膜的有效面积，降低出水水质，影响正常运行。发生极化现象时的电流密度称为极限电流密度，正常运行时，要控制操作电流在极限电流密度以内。

应用电渗析器除氟运行管理简单，不需投加化学药剂，只需调节直流电压即可。具体运行管理要点如下：

（1）在电渗析的运行管理中，要确定几个参数：工作压力和流量、电流、电压、进出水水质，还要确定倒极间隔和酸洗周期。如果浓水是循环利用的，还要确定浓水的循环比例。

（2）电渗析运行过程中，要严格控制进水水质，防止杂质沉积在膜上。

（3）出水水质应根据用户要求而定。通常运行时，主要是用测定电导率来控制进水、出水水质变化。

（4）为了更好地掌握电渗析运行工况，定期取样对水温、浊度、耗氧率、铁、锰、pH值和游离性余氯等进行定期测定。当采用浓水、极水循环时，还应定期监测上述水中的总盐、pH 值。

电渗析装置维护保养措施如下：

（1）严格执行操作规程。定期倒极、酸洗和反冲洗，半年至一年对本体解体清洗一次。

（2）应注意环境卫生，开机前对电渗析器本体进行一次冲洗。膜堆上禁止存放金属工具和杂物，以免堆路烧坏膜堆。

（3）预处理设备应及时反洗和再生，定期洗刷原水水池和清水水箱。

（4）压紧板和支架涂刷防锈漆，螺杆、螺帽要经常上油防腐。

（5）电渗析器可以连续运行，也可以间歇运转。停止运转时，本体中应经常冲水，以使膜保持湿润状态，防止干燥后收缩变形。若较长时间不用，最好将电渗析器拆卸后保养。

2. 反渗透法

（1）渗透与反渗透（RO）。

只允许水分子通过而不允许溶质通过的膜称为半渗透膜。用这种半渗透膜将纯水与含有溶质的溶液隔开。如图 2.2.5 所示，纯水将会自动地进入到溶液一侧并使溶液一侧的液位升高，直到两侧达到一定的高度差为止，这种现象称为渗透。渗透平衡时，膜两侧液面的静液位差（压力差）称为渗透压。如果在溶液面上施加大于渗透压的压力，则溶液中的水就会流向纯水一侧，这种现象称为反渗透。反渗透不能自动进行，必须施加压力，只有当

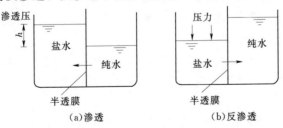

图 2.2.5　渗透与反渗透

工作压力大于溶液的渗透压时，水才能通过半渗透膜从溶液中分离出来。考虑到要获得一定的渗透水量和在反渗透过程中因浓缩而使渗透压增加等因素，实际中的工作压力要比渗透压大 3～10 倍。

（2）反渗透膜。

在水处理中应用的反渗透膜种类很多，如 CA 膜、中空纤维膜及用不同纤维素制成的超薄膜、复合膜、混合膜等。这些膜各有特点，适用于不同的条件和目的。

CA 膜由醋酸纤维素、溶剂、添加剂制成，外观为乳白色或淡黄色的含水凝胶膜，有一定韧性，在厚度方向上密度不均匀。膜的构造由两部分组成，接触空气的那一面为表皮层，孔径为 $0.8～1.0nm$，起脱盐作用，表皮层下面为海绵状的多孔支撑层，孔径为 $100～400nm$，起支撑表皮层的作用。CA 膜对无机物和有机物都有良好的分离性能，对无机盐离子的去除率也较高，但对低分子量的非电解质去除率不高。

中空纤维膜目前有 3 种，分别以醋酸纤维素、脂肪族聚酰胺和芳香族聚酰胺为材质制成，其中最后一种应用广泛。它对污染物质的去除率较高，能够去除有机物和二氧化硅。其透水量比 CA 膜高，所需工作压力比 CA 膜低，寿命较长，但这种膜对氯的适应性很差，要求含氯量低于 $0.1mg/L$。

（3）反渗透的处理工艺。

根据处理对象和所要达到的目的不同，反渗透可以有各种处理工艺。常用的反渗透处理工艺系统有以下几种：

1）一级一段连续工艺系统。这种系统中水的回收率较低，如图 2.2.6（a）所示。

2）一级一段循环式工艺系统。这种系统中水的回收率较高，但透过水的质量比一级一段连续式工艺系统差，如图 2.2.6（b）所示。

3）多级串联连续式工艺系统。这种系统中，水的回收率高，各级膜簇按渐减方式布置，适用于处理水量大的情况，如图

2.2.6（c）所示。

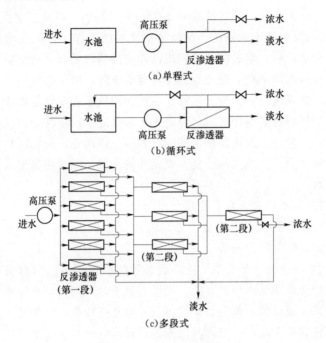

（a）单程式

（b）循环式

（c）多段式

图 2.2.6　反渗透处理工艺

此外，还有一级多段连续式、一级多段循环式、多级多段连续式和多级多段循环式等工艺系统。

反渗透除主要用于苦咸水和海水的淡化外，还可用于城市污水的深度处理，此时废水的脱盐率可达 90% 以上。也可与离子交换系统联用作为离子交换的预处理，近年来在制作纯净水方面应用也较广泛。在工业废水处理中，反渗透主要用于去除重金属离子、镀铬水、镀镍水等。

在运行中原水的污染物会污染渗透膜，对膜的渗透性能造成危害，因此，必须对膜进行清洗。清洗时，可用低压高速水冲洗、气水联合冲洗，也可用清洗剂（如柠檬酸胺或 4% 硫酸氢钠水溶液）清洗。

（4）反渗透系统的运行维护。

1）精密过滤器（保安过滤）为 $10\mu m$ 过滤器，当过滤器进出口压差大于设定值（通常为 $0.05\sim0.07MPa$）时应当更换。

2）反渗透清洗系统。反渗透清洗系统的作用，在反渗透膜组长期运行后，膜表面会堆积难以冲洗掉的污垢，如微量盐分结构和有机物的累积，造成膜组件性能的下降，所以必须用酸进行清洗。此系统由一台清洗药箱、不锈钢清洗泵和配管等组成。

当反渗透装置停机时，因膜内部水已处于浓缩状态，易造成膜组件污染，因此需要用水冲洗膜表面，以防止污染物沉积在反渗透膜表面，影响膜的性能，设置冲洗水泵，用反渗透出水作为冲洗水。

3）控制仪表。为了控制、监测反渗透系统正常运行，在原水进行反渗透前，需配置一系列的在线测试仪表，包括电导率表、流量计、压力表等。

4）高压泵保护装置。反渗透装置的高压泵进出口都装有高压保护开关和低压保护开关。当供水量不足时高压泵入口水压会低于某一设定值，就会自动发出信号停止高压泵，保护高压泵不在空转状态下运行。当因其他原因误操作，使高压泵出口压力超过某设定值时，高压泵出口高压保护开关会自动切断高压泵电源，保护系统不在高压下运行。

5）反渗透系统控制。反渗透运行主要是通过控制高压泵的启动与停止，而高压泵的启、停由反渗透后置的水箱液位变化来决定。

6）维护和保养。

a. 每个月检查泵头检测孔是否有物料流出。

b. 每 3 个月检查机械驱动部分运行声音是否异常。

c. 每 6 个月（或 1500h）清洗底阀和单向阀组件，检查流量稳定性。

d. 每年（或 3000h）更换底阀和单向止回阀阀球、阀座或阀体（视使用情况而定）。

e. 每年（或 3000h）更换隔膜和油封（视使用情况而定）。

3. 纳滤、超滤与微滤

（1）超滤。

超滤又称超过滤，是一种利用膜孔截留水中胶体大小的颗粒，而允许水和低分子量溶质透过的膜分离技术。

超滤与反渗透的工作方式相同，装置相似。具有孔径大、无脱盐性能、操作压力低等特点，一般在纯水终处理中用于水中细菌、病毒、胶体、大分子等微粒相的部分去除，其出水浊度可达 0.1NTU 以下。

在超滤过程中，在膜高压侧由于水和小分子的透过，大分子被截流并不断累积在膜表面边界层，使其与主体水流间形成浓度差，当浓度差增加到一定程度（即浓差极化）时，大分子物质在膜表面生成凝胶，影响水的透过通量。因此，操作中应注意要控制操作压力、浓液流速、水温、操作时间等，或对原水进行预处理。

（2）纳滤。

纳滤（NF）是介于反渗透和超滤之间，适宜于分离分子量在 200g/mol 以上、分子大小 1nm 的溶解组分的膜工艺。

纳滤膜具有离子选择性，即允许 1 价阴离子大量渗过膜，而对具有多价阴离子的盐截留率很高。

对阴离子的截留率顺序：$CO_3^{2-} > SO_4^{2-} > OH^- > Cl^- > NO_3^-$。

对阳离子的截留率顺序：$Cu^{2+} > Mg^{2+} > Ca^{2+} > K^+ > Na^+ > H^+$。

与反渗透相比较，由于纳滤膜可以透过无机盐，使其渗透压低于 RO 膜，因此，在一定通量下，NF 过程所需外界压力一般要比 RO 膜低很多，而且 NF 膜可以使浓缩和脱盐同步进行。

（3）微滤。

微滤即微孔过滤，与反渗透、超滤和纳滤使水在膜的两侧流动得到净化的过程不同，它是将全部进水挤压滤过，小于膜孔的粒子通过膜，大于膜孔的粒子被截流在膜表面，类似于过滤过程，因而又称其为膜过滤或精密过滤，它具有设备简单、操作方便、效率高、工作压力低等优点，在水处理中用于去除水中细小悬浮物、微生物、微粒、细菌、胶体等杂质。由于截留杂质不能及时被冲走，而易使膜孔堵塞，需经常更换。

# 第3章 水的软化工艺与运行管理

水中 $Ca^{2+}$、$Mg^{2+}$ 的总含量表示水的总硬度，硬度是水质的一个重要指标，也是我国饮用水水质标准指标常规 5 项中的一项。总硬度又分为暂时硬度（即碳酸盐硬度）和永久硬度（即非碳酸盐硬度）。

无论是生活用水还是生产用水，对水的硬度都有要求，尤其是锅炉用水，需要降低水的硬度使其达到用水水质要求。降低水的硬度的过程称为水的软化。一般水的软化处理采用药剂软化和离子交换软化两种方法。

## 3.1 药剂软化工艺与运行管理

药剂软化法，即向原水中加入一定量的石灰或苏打等化学药剂，使之与水中的 $Ca^{2+}$、$Mg^{2+}$ 反应生成 $CaCO_3$ 和 $Mg(OH)_2$ 沉淀析出，从而降低水中的 $Ca^{2+}$、$Mg^{2+}$ 含量。

### 3.1.1 石灰软化法

石灰价格低，来源广，是最常用的软化药剂。石灰软化法的化学反应式为：

$$CaO + H_2O \longrightarrow Ca(OH)_2$$
$$CO_2 + Ca(OH)_2 \longrightarrow CaCO_3 + H_2O$$
$$Ca(HCO_3)_2 + Ca(OH)_2 \longrightarrow 2CaCO_3 + H_2O$$
$$Mg(HCO_3)_2 + 2Ca(OH)_2 \longrightarrow 2CaCO_3 + Mg(OH)_2 + H_2O$$

熟石灰与水中分碳酸盐的作用镁硬度反应生成，但同时又产生了等当量的非碳酸盐的钙硬度，其反应式

$$MgSO_4 + Ca(OH)_2 \longrightarrow Mg(OH)_2 + CaSO_4$$
$$MgCl_2 + Ca(OH)_2 \longrightarrow Mg(OH)_2 + CaCl_2$$

因此，石灰软化法不能降低水的非碳酸盐硬度，其主要适用于原水的非碳酸盐硬度较低、碳酸盐硬度较高且不需要深度软化的场合。如果石灰与离子交换法联合使用，则可以作为深度软化的预处理。

### 3.1.2 石灰-苏打软化法

石灰-苏打软化即是向水中同时投加石灰和苏打，以石灰降低水的碳酸盐硬度，而以苏打降低水的非碳酸盐硬度。反应式为

$$CaSO_4 + Na_2CO_3 \longrightarrow CaCO_3 + Na_2SO_4$$
$$CaCl_2 + Na_2CO_3 \longrightarrow MgCO_3 + 2NaCl$$
$$MgSO_4 + Na_2CO_3 \longrightarrow CaCO_3 + Na_2SO_4$$
$$MgCl_2 + Na_2CO_3 \longrightarrow MgCO_3 + NaCl$$
$$MgCO_3 + 2Ca(OH)_2 \longrightarrow CaCO_3 + Mg(OH)_2$$

### 3.1.3 药剂软化法的运行管理

在用药剂软化法时，运行过程中应根据当地水质的实际情况，通过烧杯实验观察不同 pH 值下的软化效果，同时考虑投药的经济性，确定最佳的 pH 值。投加石灰后，出厂水的 pH 值会比较高，在出厂水中应进行酸中和，调整水的 pH 值以符合饮用水水质标准。许多地区的水源中，在硬度超标的同时，铁、锰也往往超标，石灰药剂法也能去除一定的铁、锰。由于石灰的价格低、来源广，适用于原水的碳酸盐硬度较高、非碳酸盐硬度较低的情况。如原水非碳酸盐硬度较高，可用石灰苏打法。随着水源受到日益严重的污染，普遍水源中的有机物浓度增大，水中出现了隐孢子虫和其他一些病原菌。为了去除水中的天然有机物，可在石灰软化处理后加阴离子交换树脂，一般情况下阴离子交换树脂能有效去除分子量在 1000 以上的有机物，1000 以下的不一定有效。

## 3.2 离子交换法软化工艺与运行管理

### 3.2.1 离子交换树脂

离子交换树脂是水处理中最常用的离子交换剂，它由交联结

构的高分子骨架（称为母体）与附属在骨架上的许多活性基团所构成的不溶性高分子电解质组成。活性基团遇水电离成固定离子和交换离子两部分。固定离子仍与骨架牢固结合，不能自由移动；交换离子可在一定范围内自由移动，并可与其周围溶液中的其他同性离子进行交换反应。

离子交换树脂的外形为圆形粒状，包括阳离子交换树脂和阴离子交换树脂。阳离子交换树脂带有酸性活性基团，可分为强酸性和弱酸性两种。阴离子交换树脂带有碱性活性基团，可分为强碱性和弱碱性两种。前者用于水的软化或脱碱软化，二者配合可用于水的除盐。酸性离子交换树脂可简写成 RH，碱性离子交换树脂简写成 ROH，R 表示树脂母体和牢固结合在其上面的固定离子，$H^+$、$OH^-$ 为活性基团的交换离子。

离子交换树脂的性能指标有密度、有效 pH 值范围、交换容量和选择性等。

密度有湿真密度和湿视密度两种表示方法。湿真密度指树脂溶胀后的质量与其本身所占体积（不包括树脂颗粒之间的空隙）之比。树脂的湿真密度对树脂层反冲洗强度、膨胀率以及混合床再生前树脂的分层影响很大，强酸树脂的湿真密度约为 1.3g/mL，强碱树脂约为 1.1g/mL。树脂的湿视密度指树脂溶胀后的质量与其堆积体积（包括树脂颗粒之间的空隙）之比，一般为 0.6～0.85g/mL，常用来计算交换器所需装填湿树脂的数量。

强酸强碱树脂的电离能力强，其交换容量基本与水的 pH 值无关。而弱酸、弱碱树脂由于活性基团的电离能力弱，其交换容量与水的 pH 值有关。弱酸树脂的有效 pH 值范围一般为 5～14；弱碱树脂为 1～7。

树脂交换容量表示树脂交换能力的大小，分为全交换容量与工作交换容量。前者指一定量树脂中所含有的全部可交换离子的数量；后者指一定量的树脂在给定条件下实际的交换容量。在实际中，树脂工作交换容量可由模拟试验确定，也可参考有关数据选用。

树脂对不同离子进行交换反应时存在着一定的选择顺序，即具有选择吸附性。在常温、低浓度水溶液中，各种离子交换树脂对水中常见离子的选择顺序为

强酸性阳离子交换树脂：$Fe^{3+} > Al^{3+} > Ca^{2+} > Mg^{2+} > K^+ > NH_4^+ > Na^+ > H^+$

弱酸性阳离子交换树脂：$H^+ > Fe^{3+} > Al^{3+} > Ca^{2+} > Mg^{2+} > K^+ > NH_4^+ > Na^+$

强碱性阴离子交换树脂：$SO_4^{2-} > NO_3^- > Cl^- > OH^- > F^- > HCO_3^- > HSiO_3^-$

弱碱性阴离子交换树脂：$OH^- > SO_4^{2-} > NO_3^- > Cl^- > F^- > HCO_3^- > HSiO_3^-$

但在高浓度溶液中，浓度则成为决定离子交换反应方向的关键因素。

### 3.2.2 离子交换软化法

水的离子交换软化就是利用阳离子交换树脂交换水中的 $Ca^{2+}$、$Mg^{2+}$，从而达到去除 $Ca^{2+}$、$Mg^{2+}$ 的目的。有 Na 离子交换软化法、H 离子交换软化法、H-Na 联合离子交换软化法、弱酸性 H 离子交换软化法，各交换反应为

$$2RH + Ca^{2+} \Longrightarrow R_2Ca + 2H^+$$
$$2RH + Mg^{2+} \Longrightarrow R_2Mg + 2H^+$$
$$2RNa + Ca^{2+} \Longrightarrow R_2Ca + 2Na^+$$
$$2RNa + Mg^{2+} \Longrightarrow R_2Mg + 2Na^+$$

离子交换反应为可逆反应，当树脂失效后，可利用高浓度再生液（$Na^+$ 或 $H^+$），使交换反应逆向进行，将树脂上吸附的离子置换出来，从而使树脂恢复交换能力，此过程称为树脂的再生。

Na 离子交换软化法在软化过程中不产生酸性水，设备和管道防腐设施简单，只能去除硬度，不能脱碱。所以它适用于原水碱度较低只需进行软化处理的情况，可用作低压锅炉的给水处理

系统。而 H 离子交换软化过程可同时去除水的硬度和碱度，但出水呈酸性水，所以此法一般是和 Na 离子交换软化法联合使用。

H-Na 联合离子交换脱碱软化法又可分为 H-Na 并联离子交换系统和 H-Na 串联离子交换系统两种。并联系统中，原水分为两部分，一部分进入 Na 离子交换器，出水呈碱性，其余部分进入 H 离子交换器，出水呈酸性，而后两部分出水汇合流入混合器进行中和反应。串联系统则是原水的一部分进入 H 离子交换器，出水与另一部分原水混合进行中和反应后，再全部进入 Na 离子交换器进一步软化。因此，相比来看，串联系统更安全、可靠，适合于高硬度水的处理，能达到低压锅炉水的水质标准。

活性基团为羧酸的 H 离子交换树脂是弱酸性阳离子交换树脂，可表示为 RCOOH，实际参与离子交换反应的可交换离子为 $H^+$，只能去除碳酸盐硬度，不能去除非碳酸盐硬度，因此也是适用于原水中碳酸盐硬度很高而非碳酸盐硬度较低的情况。该法具有交换设备体积小、再生容易、运行费用低的优点。若需深度脱碱软化时，也可与 Na 型强酸树脂联合使用组成 H-Na 串联系统，或在同一交换器中装填 H 型弱酸和 Na 型强酸树脂，构成 H-Na 离子交换双层床。

### 3.2.3 离子交换软化设备

常用的离子交换软化设备为离子交换器，其为压力钢罐，罐体内分为上部配水管系统、树脂层和下部配水管系统三部分，树脂层厚度一般为 1.5～2m。按其运行方式的不同，离子交换器可分为固定床和连续床两类。

1. 固定床

固定床是交换与再生两个过程都在同一交换器中进行，树脂不需向外输送；固定床根据原水与再生液的流动方向，又可分为顺流再生和逆流再生两种形式。前者是原水与再生液分别从上而下同向流经树脂层；而后者的原水与再生液流动方向相反。

固定床的运行操作主要是交换—反洗—再生—清洗 4 个基本

过程。其中后 3 个步骤都为再生阶段。

交换过程就是软化过程：原水由上部配水系统进入交换器，通过树脂层交换软化后，经下部配水系统流出。当出水硬度出现泄漏时，交换即可结束，进入再生阶段。

再生操作时的第一步是反洗，可用原水作为反洗水，即原水由下部配水系统进入向上流经树脂层，通过树脂层的膨胀来清除其内所含杂质。反洗干净后，先要排掉一部分水（以保持再生液的高浓度），再进再生液。再生液浓度和其成分有关：一般食盐为 5%～10%；盐酸为 4%～6%；硫酸不大于 2%。

再生完毕后，要用软化水对树脂层进行正向清洗，以清除树脂层中残存的再生液，然后才重新转入交换过程。

由于逆流再生固定床再生时再生液流动方向与交换时水流流向相反，所以其操作方式又可分为两种：一种是水流向下流，再生液向上流；另一种是水流向上流，再生液向下流。因此逆流再生固定床的再生过程与顺流再生固定床不同。下面以生产中常用的气顶压法逆流再生固定床为例，介绍其再生操作过程。

气顶压法属于逆流再生固定床操作方式的第一种方式。其特点是在设备的树脂层表面装有中间排水装置，在中间排水装置上面再填一层厚约 15cm 的树脂（称为压脂层），目的是一方面可以使压缩空气比较均匀而缓慢地从排水装置逸出，另一方面在交换时还可起到预过滤作用。另外，进再生液之前，在交换器顶部还需进入压缩空气压住树脂层，以防止再生液向上流（正常流速 5m/h）时和排除上向流的清洗水时树脂乱层，这称为气顶压。

气顶压逆流再生固定床的再生操作步骤（图 3.2.1）具体如下：

1）小反洗。即由中间排水装置进入反洗水，流速为 5～10m/h，使压脂层略微膨胀，清除其中悬浮固体，反洗 10～15min 即可将水放掉。

2）气顶压、再生。由交换器顶部通入压强为 30～50kPa 的压缩空气之后，从交换器底部进再生液，上升流速约为 5m/h。

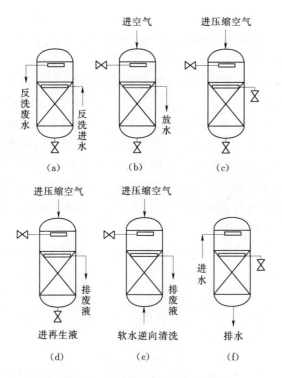

图 3.2.1 逆流再生操作过程示意图

3）逆流清洗。在有顶压的情况下，软化水以 5～7m/h 的流速向上流进行逆流清洗，直到排出水符合要求为止。

4）正向清洗。水流以 10～15m/h 的流速自上而下进行清洗，出水水质合格时即可转入新的交换过程。

我国近年来发展起了无顶压逆流再生工艺，即不需顶压手段，通过增加中间排水装置的开孔面积，使小孔流速降低到 0.1～0.2m/h，就可保证正常再生流速情况下树脂层固定密实，而不影响再生效果。

顺流再生固定床虽然构造和操作较简单，但因其树脂层上下部再生程度高低相差悬殊，使得再生效果较差，出水硬度较高，交换器工作周期较短。因而仅适用于处理规模较小、原水硬度较低的软化。与顺流再生比较,逆流再生具有再生程度高、再生剂耗量低、出水质量高及适用范围广的特点。

2. 连续床

连续床是在固定床的基础上发展起来的,包括移动床和流动床两种形式。

连续床的特点是高速水流由交换器底部进入,将整个树脂层托起,软化水由上部引出。再生操作时,类似逆流再生,即再生液由上向下流经树脂层,但必须保证成床和落床过程中床层不乱,才会有逆流再生效果。因移动床内树脂层填充较满,一般需定期将树脂移出交换器进行清洗,对于直径较小的设备,也可在床体内进行抽气擦洗。

需要指出的是,若处理水量不稳定或需经常间歇运行时,不宜采用连续床。

# 第4章　微污染水处理 工艺与运行管理

## 4.1　藻类去除工艺与运行管理

生活污水、工业废水和农田排水中都含有大量的氮、磷及其他无机盐类，在温度和阳光充足的环境下，易使藻类迅速繁殖，大量消耗水中的溶解氧，引起水体发臭，降低水质。而蓝绿藻在一定条件下所产生的藻毒素会危及鱼类和家畜的生命。同时这种富含藻类的水体作饮用水源时是有一定危害性的，主要表现在以下几方面：

（1）堵塞滤池。淡水藻类通常分为 10 个门类，尺寸变化也很大，通常在几微米到几百微米之间。一般来说，饮用水生产中关心的多是小藻类（几微米到几十微米）。由于水中微小藻类的密度小，因而不易在混凝沉淀过程中去除。混凝沉淀过程中未被去除的藻类如果大量进入滤池，常常会造成滤池较早堵塞，使滤池运行周期缩短，反冲洗水量增加，严重时可能引起水厂被迫停产。

（2）药耗增加。当水中有大量藻类、有机物和氨氮存在时，会使混凝剂和消毒剂用量大大增加；有机物是影响胶体稳定和混凝的控制性因素，天然有机物所含的羧基和酚基使得有机物所具有的负电荷是黏土矿物质颗粒阳离子交换容量的几十倍，因而使得混凝剂消耗大量增加。由于这部分有机物和氯发生反应，使得水厂为维持管网中余氯的含量而不得不增大氯气的加注率。这样不仅使制水成本提高，更增加了水中消毒副产物的含量，降低了饮用水的安全性。

（3）藻类致臭。水中产生臭味的微生物主要是放线菌、藻类和真菌。在藻类大量繁殖的水体中，藻类一般是主要的致臭微生物。不同的藻类引起不同的臭味，而藻类所产生的臭味采用常规的水处理工艺很难去除。由于藻类的原因常引起管网中出现不愉快的气味，进而导致用户对水质感官上的不满。

（4）藻类会产生藻毒素。某些藻类在一定的环境下会产生毒素，这些毒素对人体健康有害。能产生毒素的藻类多为蓝藻，最主要的是铜绿微囊藻、水华鱼腥藻和水华束丝藻。

因此，在水处理过程中需要对水中的藻类进行有效去除，目前主要的除藻单元工艺有化学药剂法、气浮、微滤、直接过滤和生物处理法。

### 4.1.1 化学药剂法除藻

化学除藻是国内普遍采用的方法，需要在藻类生长旺期向水体中投加一些化学药剂（称杀藻剂，Algicide）灭活藻类。它具有见效快的特点，但会给环境带来一定的负面影响，在使用方面受到一定的限制。化学除藻中常用的杀藻剂可分为氧化型和非氧化型。

1. 氧化型杀藻剂

（1）硫酸铜除藻。

在所有化学药剂中，应用最广泛的是硫酸铜（$CuSO_4$）。硫酸铜是一种有效而价廉的除藻剂，其优点是除藻效率高、成本低廉以及持续作用的时间长等。但使用硫酸铜的缺点是水中铜离子无法排出易造成铜离子在水体中累积，若长期使用杀藻剂会造成湖泊退化。例如，美国明尼苏达湖曾使用过硫酸铜多年，结果却造成水体溶氧耗尽，增加了内部氮的循环。而且铜在底泥中的积累，也增强了藻类对铜的抗药性，造成对鱼类及鱼类食物链的不良影响。

（2）臭氧除藻。

臭氧在数秒钟内即可分解消失，对环境不造成污染且除藻效果好，与其他药剂复配效果理想。臭氧是唯一不增加处理水中总固体含量的有效氧化剂，投加量为 0.5～5mg/L。一般采用臭氧和活性炭联合除藻。例如，日本福间町水厂的源水取自某水库，该水库库容较小、深度较浅，因此藻类容易繁殖。该水厂在水库水位低、藻类多、气味大时增用臭氧-活性炭处理设备使藻类得到控制。北京田村山水厂水源取自怀柔、密云和官厅水库，在藻类繁殖高峰期，经常规处理后的出水达不到饮用水标准，当增加了臭氧-活性炭深度处理后，即取得了满意的效果。但由于生产臭氧需要臭氧发生装置和特别的通入装置，使得该法所需投资和运行费用都较高，因此国内还很少应用。

（3）二氧化氯（$ClO_2$）除藻。

20 世纪 70 年代中期才开始使用 $ClO_2$ 除藻。该法除藻效果较好，无腐蚀、低毒，与次氯酸钠相比，处理后水中没有残余的氯，不会产生三氯甲烷，但当 $ClO_2$ 投加量较大时可能会产生较高浓度的亚氯酸盐副产物，对微污染水源水不宜使用。另外，若源水中有特殊的藻类（如四尾栅藻），也会妨碍 $ClO_2$ 的除藻效果。

（4）高锰酸钾除藻。

高锰酸钾作为一种强氧化剂，其强氧化性可抑制藻类的游动性，可使藻细胞消散与裂解。但随着高锰酸钾的投加量在一定范围内的增加，其对藻类的去除率不断提高的同时，出水浊度也随之提高。而且高锰酸钾具有较重的颜色，投加后容易使水的色度增加，甚至超过标准。另外，还易造成锰超标。

另外，氧化型杀藻剂还有 $Br_2$ 试剂、氯化溴、有机氯、有机溴剂等。$Br_2$ 试剂除藻效果好于 $Cl_2$，并且残留量低。且其使用量低于氯，从而减少了对金属的腐蚀；氯化溴属溴氯化合物，特点是可大幅度降低氯的用量，并相应减少总余氯量；有机氯剂有强氯精（三氯异氰尿酸），对各种菌藻有优异的杀灭作用，有机溴剂有溴氯二甲基海因（BCDMH）和溴氯甲乙基海因（BC-MEH）等。BCDMH 较单质溴的杀藻效率高，在水中水解以次溴酸和次氯酸的形式释放出 Br 和 Cl，在正常使用范围内无腐蚀性，但对人的皮肤、眼睛及细胞有强烈的刺激性。

2. 非氧化型杀藻剂

非氧化型杀藻剂主要有无机金属化合物及重金属制剂、有机金属化合物及重金属制剂、铜剂、汞剂、锡剂、铬酸盐、有机硫系、季盐、异噻唑啉酮、五氯苯酚盐、戊二醛、羟胺类和季铵盐类等。

（1）苯扎溴铵除藻。

苯扎溴铵（质量分数为5％水溶液称为新洁尔灭）是一种效果较好的海洋赤潮除藻剂。在 mg/L 数量级的较低浓度，就有较好的除藻效果。与其他除藻剂，如金属离子型除藻剂相比，苯扎溴铵具有除藻速度快、毒性低的特点。

（2）碘伏和异噻唑啉酮复配除藻。

碘伏和异噻唑啉酮除藻剂对球形棕囊藻赤潮生物有灭杀和控制作用。研究结果表明，单独使用时，碘伏的最低有效质量浓度为 30mg/L，异噻唑啉酮最低有效质量浓度为 0.30mg/L。当两者复配时有协同作用，$m_{碘伏}：m_{异噻唑啉酮}＝1.0：0.15$ 为除藻剂最佳配比。复配可提高它们的杀藻能力，也可避免赤潮藻类对单一药品产生抗药性以及用药量较大对其他生物的伤害。

（3）百毒杀和十六烷基三甲基溴化铵复配除藻。

百毒杀（DDAB）和十六烷基三甲基溴化铵（CTAB）都是季铵盐，在 1mg/L 的低浓度下即具有很快的杀菌灭藻作用，除藻率在 99％以上。延长作用时间，复配药液浓度可进一步降低。DDAB 和 CTAB 两者之间存在良好的药剂互补作用，可作为复配药剂时的基础药剂。

## 4.1.2　气浮法除藻

气浮技术是在待处理水中通入大量的、高度分散的微气泡，使之作为载体与杂质絮粒相互黏附，形成整体密度小于水的浮体而上浮到水面，以完成水中固体与固体、固体与液体、液体与液体分离的净水方法。

应用于藻类去除的主要为溶气气浮技术（DAF）。与沉淀工艺相比，溶气气浮法有许多优点：停留时间短，可在 45min 内取得较为稳定的出水水质，藻去除率高，并可去除浮游动物，产生异味化合物很少，并可部分去除挥发性有机物和气味。要达到好的处理效果，必须经化学预处理，如果采用气浮工艺时不加絮凝剂，藻的去除率就会下降 10%～20%。常用的 3 种絮凝剂为硫酸铝、聚氯化铁和聚氯化铝。硫酸铝的去除效果最好，其次是聚氯化铝，再次是聚氯化铁。絮凝剂的投加量也受藻类所处生长阶段的影响，藻类处于较稳定状态时，投加量较低；处于对数增长期时，投加量很大。气浮前通过降低 pH 值并使 pH 值维持在 3 左右一段时间，不使用絮凝剂也可以达到很好的除藻效果，但此法不适用于饮用水的供水处理。

气浮法的初期投资较小，但空气压缩装置运行费用高。所以该法适用于水厂只是针对季节性的藻类暴发，此时高负荷运行时间较短。

### 4.1.3　生物处理法

生物除藻具有无毒副作用、无腐蚀、成本低、效用持久的特点。但目前各种病理真菌或噬菌体的杀生范围普遍狭窄且专一性强，对于水体中的复杂多样的藻类难以奏效。生物除藻是一类有待进一步完善并极具发展前途的除藻技术。

1. 栽种水生高等植物

一般是利用香根草、水葫芦、荷花、菖蒲和芦苇等水生高等植物能够吸收、迁移、代谢和富集各种化学物质的特性，尤其是水葫芦，其增殖生长速度很快，能吸收大量氮、磷等营养物质，可通过竞争作用来抑制藻类的生长。但为避免水生植物的过度繁殖，要控制种植密度，一般可通过栽种水生高等植物构建人工湿地的办法来去除营养元素和藻类。

2. 水生动物

鲢、鳙等滤食性水生动物可吞食大量藻类和浮游动物，使浮游生物量特别是藻类数量明显减少，如放养密度达到 46～50g/

$m^3$ 时就能控制蓝藻水华的发生。能否利用水生动物来控制藻类还有赖于人们对水体动植物群落结构及其相互关系的了解，根据水体特点制定合理的放养时间和放养量也很重要。

3. 投加 PSB（光合细菌）

投加 PSB 目前在日本、韩国、澳大利亚等国应用较多，即通过定期向水中投加光合细菌来净化水体。

光合细菌培养流程如图 4.1.1 所示。该方法具有工艺简单、无需单独修建处理构筑物、一次性投资省等特点，由于光合细菌属光能自养菌，不含有硝化及反硝化菌种，故对氮、磷等物质只能以 BOD：N：P＝100：5：1 的比例去除，去除率较低。

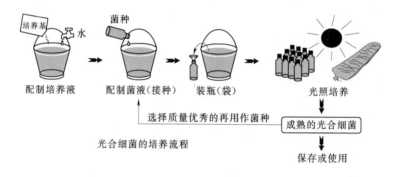

图 4.1.1　光合细菌的培养流程

4. PBB 法

PBB 法属原位物理、生物、生化修复技术，主要是向水体中增氧并定期接种具有净水作用的复合微生物。PBB 法采用叶轮式增氧机，具有很好的水体治理功能。PBB 法可以有效去除硝酸盐，这主要是通过有益微生物、藻类、水草等的吸附，在底泥深处厌氧环境下将硝酸盐转化成气态氮。

5. 生物栅与人工生物浮岛

生物栅即在固定支架上悬挂绳索状的生物接触填料，使微生物、原生动物、小型浮游动物固着在填料上生长而不被大型水生动物和鱼类吞食，使单位体积的水中水生物数量增加以加强净化作用。人工生物浮岛是将陆生喜水植物连根移植到白色塑料泡沫做成的浮岛载体内，在植物生长过程中吸收水中的氮、磷等化学物质，同时释放出抑制藻类生长的化合物，从而达到净化水质的效果。

6. 投加高效复合微生物制剂

该方法利用微生物组合（光合细菌、硝化细菌及玉垒菌等）、有效微生物群（EM）、Micro-Bac发酵液（复合微生物）等除去小型富营养化水面或水体中的藻类。该法工艺简单、成本低廉，是极具推广潜力的生物控藻新技术。该技术在我国已有成功的应用实例。例如，引进美国AM公司开发的复合微生物制剂用于云南滇池内湖草海的治理；利用EM复合菌液治理广西南宁南湖水面等。

7. 生物滤沟法

生物滤沟法结合了传统的砂石过滤与湿地塘床工艺，采用多级跌水曝气方式，能有效地控制出水的臭味、氨氮值、藻类和有机物。此方法的工艺流程如图4.1.2所示，原水经过带格栅的吸水井除去漂浮物后通过水泵提升，然后经三级跌水盘跌水充氧后由跌水槽进入生物滤沟好氧段。生物滤沟好氧段根据填料的不同又分为卵石段和炭渣段两段，之后是植物床和生态净化沟，出水流入清水槽。

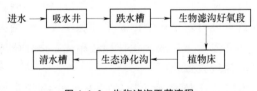

图 4.1.2　生物滤沟工艺流程

## 4.1.4　其他处理方法

1. 微滤

微滤处理使用微滤器。微滤器通常用来去除原水中的浮游生物、丝状或集群藻类，去除率可达到 $80\% \sim 90\%$，微滤器对含蓝藻的原水处理效果不佳，采用此方法时应首先对藻类进行鉴别。有胶鞘的藻类，如微囊藻，容易造成堵塞，因此，要定期将滤网取出用杀生剂杀灭藻类，再用高压水冲洗。

随着膜处理技术的进步，孔径在 $0.5 \sim 1.0 \mu m$ 的微滤膜，以压力为推动力进行精密过滤去除各种藻类、微生物和颗粒物质，已成为除藻工艺的新方向。微滤能够提供优于其他工艺处理的出水水质，处理效果可靠。其原理是机械筛分，出水仅取决于微滤膜孔径大小，和原水水质及运行条件无关。

2. 直接过滤

直接过滤适用于原水中藻类和悬浮物数量较少的情况，该工艺的关键是滤速的大小。采用均质砂滤池或双层滤料滤池进行直接过滤的工艺，藻类去除率为 $15\% \sim 75\%$。若进行预氯化并在投加混凝剂后采用白煤-砂双层滤料滤池直接过滤（滤速小于 $3m/h$），则藻类的最优去除率约为 $95\%$。但是当原水中藻量大于 1000 个/mL、白煤粒径为 0.9mm 或藻类数量大于 2500 个/mL、白煤粒径为 1.5mm 时，过滤周期明显缩短。

3. 物理方法

物理除藻是利用微生物过滤、声波、各种射线、紫外线、电子线、电场等物理学方法，对藻类进行杀灭或抑制的技术，它需一次性投入的成本较高，但效果好，无毒副作用，可持久使用。目前有光磁协同处理技术、电化学技术等去除藻类的新技术。光磁协同处理技术可有效杀灭细菌及单细胞藻类，杀菌灭藻速度较氯快 $600 \sim 3000$ 倍。与臭氧氧化处理法相比，电化学方法单位处理水量的电消耗量大致相同。

除藻技术综合比较来看，物理除藻虽然效果好，但工程量大、运作周期长、一次性投入成本较高；化学除藻虽然具有除藻速度快、效果明显的优点，但容易造成二次污染；生物除藻毒副作用小、成本低、效用持久，但技术本身还需完善成熟。目前的趋势是，除了化学除藻中化学药剂的复配外，物理除藻和化学除藻或生物除藻的协同作用可达到优势互补。

## 4.2 臭味去除工艺与运行管理

纯净的水是不会发出异味的，给水中的异味破坏了水的感观性状，常常引起用户的投诉，严重时使人身体不适，危害人们健康。导致给水有异味的物质主要是由一些化合物引起的，这些物质可分为化学性致味物质和生物性致味物质，但其含量都极低，通常小于 10ng/L。

化学性致味物质主要来源有两个方面：一是工农业废水、生活污水对给水水源的复合污染，如合成洗涤剂、农药等；二是给水处理过程新异味物质的产生，如消毒副产物。

微生物致味物质既包括水中微生物或藻类的新陈代谢所产生的异味物质，也包括一些天然有机物（如腐殖质）在微生物作用下的分解产物，主要是两种物质，即 2-甲基异茨醇（MIB）和土臭素（Geosmin）。这些产物可以通过雨水、径流、渗透等形式进入原水中。研究发现，链霉菌等 17 种放线菌、真菌、青霉（如扩展青霉、皮落青霉、棒形青霉）等微生物能产生土腥味和土霉味物质；产生异味的藻类有颗粒直链硅藻、针杆藻、舟形藻、菱形藻、栅藻、蓝球藻、蓝纤维藻、颤藻、席藻、鱼腥藻等，其致异味质量浓度为 0.01～30mg/L。当浮游藻类总生物量质量浓度达到 12.7～18.1mg/L 时，水体产生轻微异味；当浮游藻类总生物量质量浓度达到 42.9～92.8mg/L 时，水体异味严重。这些致味物质在水中的含量不同，有可能产生不同的异味效果。例如，水中 β-环柠檬醛小于 1μg/L 时，发出新鲜的青草味；在 2～10μg/L 时，发出干草或木头气味；大于 10μg/L 时，发出类似烟草的气味。

对于给水中臭味的检测，主要是通过感观检测。气味的感官检测是通过检测人的嗅觉来判断气味的类别和强度的一种方法。我国《水和废水监测分析方法》（4 版）规定臭味的检测可采用文字描述法和嗅阈值法，国外多采用 FPA（flavor profile analysis）法和 TON（threshold odor number）法。文字描述法和

EPA 法是将气味特征和气味强度分为几个等级加以文字描述，我国分为 6 个等级，美国分为 7 个等级，日本分为 9 个等级。

为了提高水质需要对水中的臭味进行有效地去除，以满足感观性能的要求。常用的技术有化学氧化法、吸附法和生物处理法。

### 4.2.1  化学氧化法

化学氧化法就是利用具有强烈氧化性能的化学药剂氧化分解水中的发臭物质，消除臭味。而水中的臭味大部分是由藻类产生的，那么控制水体的臭味首先要控制水体的藻类。而对于藻类由于细胞内的臭味物质远多于细胞外臭味物质，所以在选择化学氧化法时，首先要选择那些能够杀死藻类，同时又能分解臭味物质的方法。常用的有臭氧氧化、高锰酸钾氧化法和二氧化氯氧化法。

1. 臭氧氧化法

臭氧具有极强的氧化能力，可将一部分臭味物质氧化分解，但臭氧氧化后会显著降低饮用水的生物稳定性，因此一般不单独使用，而是与活性炭同时使用。臭氧-生物活性炭技术利用臭氧化学氧化作用、活性炭物理化学吸附作用和微生物的降解作用三者的同时作用，可高效去除水中臭味物质。日本东京都水道局金町净水厂和 Kanamachi 净水厂都采用此工艺去除水中臭味取得了良好的效果。

当使用臭氧-生物活性炭系统时，一般臭氧投加量为 $1\sim3\text{mg}/\text{L}$、接触 $5\sim10\text{min}$，对致臭物质的去除率可达到 $80\%\sim90\%$。

2. 高锰酸钾复合药剂法

高锰酸盐复合药剂对藻类和放线菌引起的臭味有很好的处理效果。藻类和放线菌的代谢致臭物主要是地霉素和 2-甲基异莰醇。高锰酸盐复合药剂各组分间的协同氧化作用使得臭味物质分解，并与复合药剂中某些成分络合得以去除。同时，作用过程中会生成溶解度极低的新生态水合二氧化锰，该物质对有机物能起到一定的吸附作用，因而会使水中的臭味物质降低。

3. 二氧化氯氧化法

二氧化氯是一种强氧化剂（比氯强 2.65 倍）和杀菌剂，投加后既可以起到投氯消毒杀菌的作用，又能氧化水中的有机物，分解产生臭味的物质，从而降低水中的臭味。用于除臭时二氧化氯的投加量一般为 1～2mg/L。

在藻类含量很高的水体中，加氯预氯化对臭味的改善作用不大，甚至会导致藻类细胞破坏，使其体内含有的致臭物质释放到水体中，增加水体的臭味。二氧化氯对藻类代谢的致臭物质的去除效果也一般，如 2-甲基异冰片，即使投加 20mg/L 的二氧化氯，去除率也只有 40%。

## 4.2.2 吸附法

1. 粉末活性炭吸附

粉末活性炭（PAC）对致臭物质的去除机理主要为活性炭的物理吸附作用和微生物的降解作用。活性炭易于吸附水中苯类化合物，而 Geosmin 的结构式与苯环相似，因此对其具有较好的吸附作用。许多水厂采用临时投加粉末活性炭的方法来去除出厂水中的臭味。

原水中臭味物质的浓度变化较大，同时 PAC 的投加量与原水中的浊度、水中的致臭物质种类、活性炭的品种、接触时间等因素有关，吸附效果取决于水中天然有机物的浓度和特性。水中天然有机物会影响对臭味物质的吸附，低分子量的天然有机物同臭味物质形成吸附竞争，占据活性炭的吸附表面，而大分子的天然有机物会吸附在炭表面，堵塞臭味物质的吸附通道，影响吸附效果，因此，PAC 投加量的准确掌握很重要，投加量小，达不到处理效果，过大则会增加运行费用。

2. 粒状活性炭吸附

粒状活性炭（GAC）对致臭物质有较好的去除效果，有研究证明，当进水土臭素平均浓度为 15.6mg/L 时，经常规工艺处理后，浓度为 10.4ng/L，去除率为 33.3%，再通过 GAC 处理，在空床接触时间为 15min 的情况下，出水浓度为 2.7ng/L，单元去除率74%，出水5种致臭物质的浓度均在嗅阈值以下，但水中存在的腐殖质会降低颗粒活性炭的去除效果。

3. 沸石吸附

即采用疏水性脱铝沸石-Y去除Geosmin和2-MIB，吸附完成后，沸石可通过过滤或加入絮凝剂沉淀分离，被吸附物质的分离可通过加入50%的氢氟酸和己烷溶解来完成。沸石吸附法具有高选择性，沸石易再生（可燃烧再生），不受环境中腐殖质、氧化物及水硬度的影响等优点。但目前还未实际应用。

### 4.2.3 生物处理法

多种细菌、蓝藻噬菌体和真菌能裂解藻类营养细胞或破坏细胞的某一特定结构，从而达到去除水中臭味物质的目的。生物处理对臭味物质的去除机理包括：①贫营养菌对臭味物质的直接降解作用；②贫营养菌二次基质的利用；③贫营养菌对一些藻类细胞的裂解作用；④微小动物对产生臭味物质的藻类的捕食作用；⑤生物吸附絮凝作用。因此，水体中的溶解性的臭味物质可通过细菌、微小动物的共同作用逐步得到降解。

此外，还可采用光催化氧化技术，在光催化剂（$TiO_2$）的作用下，利用光能降解难降解有机物的新型水处理技术。

因为吸附对Geosmin的去除率较高，若主要的致臭物质是Geosmin，则可采取吸附法去除；由于生物处理对2-MIB的去除率较高，所以可采用生物处理去除主要由2-MIB引起的臭味；而臭氧-活性炭工艺可同时去除各种臭味物质。一般常规处理对臭味物质去除能力有限，对于以富营养化水为源水的给水厂，可采用常规处理结合生物处理或活性炭处理技术；对于臭味物质浓度较高的水源水，应采用生物处理、常规处理、活性炭处理技术，或生物处理、常规处理和臭氧-生物活性炭处理技术。

## 4.3  有机物去除工艺与运行管理

水源水中的有机污染物大致可分为以下两类，即天然有机物（NOM）和人工合成的有机物（SOC）。天然有机化合物是指动植物在自然循环过程中经腐烂分解所产生的物质，包括腐殖质、微生物分泌物、溶解的动物组织及动物的废弃物等，也称为好氧有机物或传统有机物。而人工合成有机物大多为有毒有机污染物质，其中包括"三致"有机污染物。

天然有机物不超过 10～20 种，天然水体中的有机物质大部分呈胶体微粒状；也有一部分呈真溶液状或悬浮状。地表水中的天然有机物主要是腐殖质，腐殖质是多种消毒副产物（DBPs）的前提，是导致饮用水致突变活性增加的主要因素。天然有机物中的非腐殖质包括碳水化合物、蛋白质、肽类、氨基酸、脂肪和色素等许多低分子有机物以及藻类有机物等。一般来说，这类有机物易被微生物分解。

人工合成有机物难以降解，在环境中有一定的残留水平，具有生物富集性、"三致"作用和毒性。相对于水体中的天然有机物，它们对公众的健康危害更大。

目前已知的有机化合物种类多达 400 万种，其中人工合成化学物质已超过 10 万种。这些化学物质中有相当大一部分通过人类活动进入水体，如工业废水和生活污水的排放以及农业上使用化肥、除草剂和杀虫剂的流失等。这些有害化学物质往往吸附在悬浮颗粒上和底泥中，成为不可移动的一部分。有毒有机污染物一般难以被水中微生物降解，但却易为生物所吸收，通过生物的食物链逐渐富集到生物体内，从而对人体健康造成危害。

水源水中的有机污染物对传统净水工艺及水质的影响主要是：增加制水成本；溶解性有机物不能被有效去除；氯消毒后，致突变物质含量增加；出厂水生物稳定性难以保证；减少管网使用寿命，增加输水能耗。

控制水源水中有机污染物的技术有：①化学氧化法，主要有臭氧、双氧水、高锰酸钾、光催化氧化以及它们的联合工艺；②物理吸附法，主要是活性炭吸附；③生物氧化法；④强化絮凝法，调节水的 pH 值，增加混凝剂的投加量，提高对有机物的去除效果；⑤膜过滤技术。根据水源水质的特点和对出厂水的要求，有时需采用几种工艺的联合，以确保饮用水的安全。

### 4.3.1　常规水处理工艺

常规处理工艺主要去除的是水源水中悬浮物和胶体物质，并且是以出水的色度、浊度、细菌总数、氨氮和耗氧量为主要控制目标。其基本流程为原水→预氯化→混凝→沉淀→过滤→消毒→出水。

常规处理工艺主要去除的是相对分子质量大于10000的有机物，对于低相对分子质量有机物的去除能力十分有限。根据水源水中一般有机物相对分子质量的特点，常规处理工艺对 TOC 的去除率基本在40％以下。而且水源水大部分的小分子亲水性、与氯反应活性很高的有机物并不能被混凝沉淀去除，而是残留在滤后水中，在消毒过程中它们势必会与氯反应生成消毒副产物直接影响水质。因此，要想提高水处理中有机物的去除率，单靠常规处理工艺是不能实现的。

### 4.3.2　臭氧氧化

臭氧在水处理中的应用比活性炭早，早期应用臭氧的目的主要是去除水中的色度和臭味。臭氧具有很强的氧化能力，它可以通过破坏有机污染物的分子结构以达到改变污染物性质的目的。现在世界各地使用臭氧的水处理厂已有上千家，并且主要目的已转变为去除水中的有机污染物质。

臭氧对水中已经形成的三氯甲烷没有去除作用。即使增加投加量延长接触时间也不能有效地氧化分解三氯甲烷。在单独采用臭氧氧化时，出水再经氯化，三卤甲烷的含量较氧化前上升，但若投加的臭氧量能够将有机物完全转化为 $CO_2$ 和 $H_2O$，便可避免氯化后生成三卤甲烷。然而这在实际大规模的水处理工艺中是无法实现的。若使臭氧与其他工艺配合，如臭氧与常规工艺或活性炭吸附相结合，则可以降低三卤甲烷的前体物。又由于臭氧氧化常常会导致水中可生物降解物质的增多，引起细菌繁殖，使出厂水的生物稳定性下降。因此臭氧氧化很少在水处理工艺中单独使用。

臭氧对人工合成有机物的氧化去除作用很有效，其中苯并芘、苯、二甲苯、苯乙烯、氯苯和艾氏剂都是比较容易被臭氧氧化分解的化合物，而臭氧对 DDT、环氧七氯、狄氏剂和氯丹等的去除效果不明显。

因此，利用臭氧氧化去除水中的有机污染物应视水体所含的有机物性质来确定，若能与其他的方法联合使用，取长补短，才能有效净化饮用水中的有机污染物。

### 4.3.3 高锰酸钾氧化

高锰酸钾是一种强氧化剂，在中性 pH 值条件下，它对有机物和致突变物的去除率均很高，明显优于酸性和碱性条件下的效果。反应过程中产生的新生态水合二氧化锰具有催化氧化和吸附作用。用高锰酸钾作为氯氧化的预处理，可以有效控制氯仿与氯酚的形成。

高锰酸钾氧化预处理的组合工艺虽然能有效降低水的致突变活性，对移码突变物前体也有较好的去除效果，但有机物经高锰酸钾氧化后的氧化产物中，有些是碱基置换突变物，它们不易被后续常规工艺所去除，在组合工艺出水氯化后，这些前体物转化为致突变物，使水的致突变性有较大幅度的增加。投加高锰酸钾能显著提高水中微量有机污染物的去除效率，显著降低水的致突变活性，对色度的去除率为 $50\% \sim 70\%$，对致臭物质的去除率为 $16\% \sim 70\%$，通过破坏有机物对胶体的保护作用，强化胶体脱稳，形成以新生态的氧化锰为核心的密实絮体，具有良好的助凝作用，从而降低水的浊度、藻类及悬浮物等。因此，对源水污染严重的水厂，可考虑把高锰酸钾投加点前移以延长与水体接触时间，提高高锰酸钾去除有机污染物的效能。

### 4.3.4 光催化氧化

光催化氧化是以 N 型半导体为催化剂的一种光催化技术。光催化氧化的突出特点是氧化能力极强。其中能够起光催化氧化作用的 N 型半导体种类很多，如 $TiO_2$、$WO_3$、$Fe_2O_3$、$CdS$、$Sr$、$TiO_3$ 等。$TiO_2$ 的光化学稳定性和催化活性都很好，反应前后它的性质不变，因此被称为催化剂。它无论在紫外区还是可见区，都表现出很高的催化活性，因此被普遍采用。

光催化氧化法对水体中有机优先控制污染物有很强的氧化能力，对包括难与臭氧发生反应的或完全不能被臭氧氧化的三氯甲烷、四氯化碳、三氯乙烯、四氯乙烯、六氯苯及六六六等在内的多种优先控制污染物，光催化氧化法都能有效地予以氧化降解。经该方法处理，水质欠佳的自来水中有机优先控制污染物浓度，水的 UV 消光度和 $COD_{Mn}$ 都大大降低，水质明显改善。饮用水光催化氧化处理的耗氧速度不高，在反应器敞开情况下，以及为使催化剂悬浮而轻微搅拌的情况下，溶解氧的补充接近消耗，无需专门曝气；在接近中性的范围内，pH 值变化对催化剂活性没有影响，因此饮用水处理无需调节 pH 值。光催化氧化的反应速率受水温变化的影响也不大。

在合适的反应条件下，有机物经光催化氧化的最终产物是二氧化碳和水等无机物。在饮用水处理中具有氧化性强、对作用对象无选择性、可使有机物完全矿化等优点。与处理效果很好的紫外-臭氧氧化法相比，由于无需臭氧发生器，光催化法处理设备简单、初期投资低、运行可靠、可重复使用的特点使其在饮用水净化方面具有良好的应用前景。但由于同净水厂常规处理工艺相比，光催化氧化法的处理费用及中毒催化剂的再生设备复杂、费用高，所以光催化氧化法近期仅用在了中小型净水器中。

### 4.3.5 强化混凝

强化混凝是指向原水中投加适量的混凝剂并控制一定的 pH 值，从而提高常规处理中天然有机物的去除效果，最大限度地去除消毒副产物的前体物，从而保证饮用水消毒副产物符合饮用水标准的方法。其主要去除对象是水中天然有机物。

水中天然有机物通常以微粒、胶体或溶解状态存在，微粒状态有机物，如有机碎片、微生物等，很容易通过常规的混凝、沉淀和过滤去除掉。溶解性有机物是指可以通过 $0.45\mu m$ 滤膜的部分。胶体状态的有机物是大分子团或通过 $0.45\mu m$ 滤膜的一些分子物质。

在消毒剂和水中有机物反应时会产生有毒有害的消毒副产物。因此，最大限度地去除水中有机物是控制消毒副产物形成的重要手段。天然有机物去除率的大小受混凝剂的种类和性质、混凝剂的投加量以及 pH 值等因素的影响。

1. 混凝剂种类

混凝剂的不同性质决定了不同的处理效果。有机阳离子高分子混凝剂在天然水的混凝过程中，只能产生电中和作用并参与腐殖酸和富里酸的沉淀，不能吸附有机物，因此对有机物的去除效果较差。铝盐和铁盐混凝剂不但可以起电中和作用使胶粒脱稳，而且还能在形成的金属氢氧化物的表面提供强烈的吸附作用。另外，铝、铁氢氧化物絮体的形成也可以网捕一些胶粒和溶解性的有机物以及形成的腐殖酸和富里酸的聚合物。因此，铁盐、铝盐混凝剂对 TOC（总有机碳）的去除效果比有机混凝剂好。在相同投加量条件下，铁盐对 TOC 的去除效果优于铝盐。

2. 混凝剂投加量

混凝剂投加量越大，TOC 的去除率也就越高，除非投加量过高引起胶粒重新稳定。过高的混凝剂投加量必然会引起制水成本的增加和污泥处理费用的增加，因此合适的混凝剂投加量应该根据水源水质特点和处理后水质要求来确定。

3. pH 值

混凝方法去除腐殖酸和富里酸的过程中，对于腐殖酸最佳 pH 值在 4～6 之间，富里酸为 5～6。

### 4.3.6　活性炭吸附

活性炭是一种具有弱极性的多孔吸附剂，具有发达的细孔结构和巨大的比表面积。活性炭吸附就是利用活性炭固体表面对水中杂质的吸附作用，以达到净化水质的目的。活性炭对污染物的吸附有两种方式：一种是吸附质通过范德华力结合到活性炭表面，即为物理吸附；另一种是吸附质和活性炭表面之间有电子交换或共享而发生的化学反应。二者之间有化学键形成，通常称为化学吸附。

同样，活性炭对有机物的去除也受有机物的特性和其自身的性质影响。主要有两个方面：一方面是有机物极性的影响，同样大小的有机物，溶解度越小、亲水性越差、极性越弱的，活性炭对其吸附效果越好，反之活性炭对它的吸附效果就越差；另一方面是活性炭的孔径也决定了活性炭对不同相对分子质量大小的有机物的去除效果。一般，活性炭对相对分子质量在500～3000的有机物有良好的去除效果，对于相对分子质量小于500、大于3000的有机物没有去除效果。

由于活性炭只能够吸附相对分子质量在500～3000的有机物，而这一区间的有机物只是水中有机物的一部分，这就使得活性炭对水源水中的有机物去除率不高，而自身的利用也不够完全。所以为了提高活性炭的吸附能力和对水中有机物的去除效果，就需要把水中的大分子有机物氧化为小分子有机物。

### 4.3.7　臭氧活性炭

臭氧活性炭，即先将臭氧氧化后再用活性炭吸附，在活性炭吸附中又继续氧化。目前国内水处理使用的活性炭对小分子有机物的去除比较有效，而对大分子有机物的去除没有效果，但水中有机物一般分子都较大，所以尽管活性炭有发达的微孔结构，比表面积巨大，也无法充分利用。为了减缓活性炭的饱和速度，延长其工作周期，常在炭前或炭层中投加臭氧，通过强氧化作用使水中大分子转化为小分子，改变其分子结构形态，提供有机物进入较小孔隙的可能性，同时可以使大孔内与炭表面相接触的有机物得到氧化分解，减轻活性炭的负担，使活性炭可以充分吸附未被氧化的有机物。

在实际工程的应用中，活性炭一般放在整个处理工艺的最后。臭氧的位置却十分灵活，在一般的水处理工艺流程中臭氧的投加点通常有 4 处：

（1）向原水中投加，可增加水中有机物在储存池内的生物降解作用。

（2）在混凝前投加臭氧，以提高混凝处理效果。

（3）在活性炭吸附前投加，以增强有机物的可吸附性，同时由于臭氧的充氧作用，活性炭滤料上有大量微生物，可转变为生物活性炭。

（4）臭氧投加在滤池之前，可防止藻类和浮游植物在滤池中生长繁殖。

### 4.3.8 膜技术

膜技术是 20 世纪 60 年代后迅速崛起的一门分离技术，它是利用特殊制造的具有选择透过性能的薄膜，在外力推动下对混合物进行分离、提纯、浓缩的一种分离方法。分为反渗透（RO）、超滤（UF）、微滤（MF）、纳滤（NF）、电渗析（ED）和膜接触器（MC）。

水的净化与纯化是从水中去除悬浮物、细菌、病毒、无机物、农药、有机物和溶解气体等，在这方面膜分离技术发挥了其独特的作用。微滤可去除悬浮物和细菌，超滤可分离大分子和病毒，纳滤可去除部分硬度、重金属和农药等有毒化合物，反渗透几乎可除去各种杂质，电渗析可除氟，电化膜过程可对水消毒及产生酸性水和碱性水，膜接触器可去除水中挥发性有害物质，因此，欧洲、美国、日本等国家和地区将膜分离技术作为 21 世纪饮用水净化的优选技术。

# 第 5 章　水厂运行的自动化控制与管理系统

## 5.1　水厂运行自控系统

水厂的自动化控制可提高水厂管理水平，这也是目前水厂的发展趋势。

### 5.1.1　检测项目及其仪表

水厂的自动化首先需要仪表化，自动化仪表是生产过程自动化的重要组成部分。水厂仪表通过对各主要工艺参数的检测，可积累数据，便于分析，有利于监视和调度生产。

水厂需检测的项目有反映水源水质的水温、水位、流量、浊度、溶解氧、碱度等参数；反映各处理单元构筑物运行情况的水位、流量、碱度、pH 值、出水浊度、余氯、冲洗流量、水头损失、泥位等项目；反映出厂水情况的余氯、漏氯检测和报警、水压等项目。

主要的检测仪表有电磁流量计、电容式压力变送器（对出厂水的压力进行指示和记录）、电容式液位仪（对清水池水位进行指示、记录并可上、下限报警）、浊度计、电容式压差变送器（对滤池的水头损失进行指示，并可上、下限报警）、投入式液位仪（对冲洗水塔、吸水井的水位进行指示，并可上、下限报警）、温度计、pH 计、余氯分析仪、声波液位仪（对污泥池、药液池液位进行指示、记录）等。

### 5.1.2　自动化控制

目前大多新建、改建和扩建水厂已实现部分自动化，尤其是北方城市大、中型水厂的自动化水平较高。水厂自动化控制系统采用较多的是集散控制 DCS（dicturbed control system）系统和 PLC+PC 系统。

## 1. DCS 系统

水厂集散控制 DCS 系统在水厂的中控室对水厂的各工况实时监控，生产的工艺过程可就地独立控制。DCS 系统一般设立就地手动、现场监控和远程监控三级控制层。

根据水厂工艺要求，系统可设置 PLC 子站、原水取水泵站、加药加氯系统、滤池、配电站和出水泵站等现场控制站。图 5.1.1 所示为水厂 DCS 系统框图。

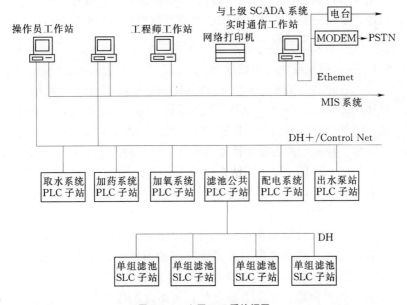

图 5.1.1 水厂 DCS 系统框图

中控室的主要功能：①实时监测、显示、处理、控制各 PLC 子站的状态、通信、数据和信息；②动态数据库和历史数据库管理；③报警处理和报表打印；④完成与上级系统的通信和数据上传。

各 PLC 子站的功能主要是根据子站构筑物或装置功能，实现对水质、阀门开停、运行控制及运行状态、加药量等的监测和控制，并将数据传送到水厂中控室。

2. PLC＋PC 系统

水厂的 PLC＋PC 系统一般设有通信主站、投加站、反应池和沉淀池站、滤池及反冲站、泵站等。

通信主站一般设有监控计算机，分别负责处理生产数据报表、生产监控和故障报警打印等任务。

投加站 PLC 主要负责完成设备数据的采集工作；反应和沉淀池站可实现自动周期排泥，控制运行速度等；滤池及反冲站主要完成运行状态控制、采集水位、水头损失信号，处理反冲洗顺序等；泵站主要是采集足够的生产电量数据，监控水泵电机运行和采集出厂水水质数据等。

## 5.1.3　工控机在水厂中的应用

工业控制计算机，即工控机（IPC），是专门为工业现场而设计的计算机，它是一种采用总线结构，对生产过程及其机电设备、工艺设备进行检测与控制的工具总称。由于对水厂供水工艺的采集、控制功能的稳定性要求较高，现在的控制系统是采用以太网与工业现场总线共同结合的产物，并采用稳定、可靠的工控机和配套的 I/O 模块，实现整个系统的稳定可靠运行，实现水厂的自动控制。

工控机一般设置在水厂的中央控制室，其硬件和外部存储设备的配置在满足现行监控系统要求的前提下，要留有系统升级、扩展的可能。水厂供水系统中的现场信号，包括水流量、水温、杂质含量、水压力等参数，可通过相应的传感器进行数据采集，送入到中控室的工控机中，并运用相应的组态软件进行数据处理，可以在中控室进行数据浏览和监控。同时，若需要进行针对性控制，可通过网络向各个分站的工控机发出相应的指令，运用各模块的控制功能，实现各个分站的控制，进而实现供水厂运行的无人值守，稳定可靠工作，达到分散采集和集中控制的目的。

## 5.2 水厂自控系统管理软件的使用

本节将利用广东某水厂运行自控系统管理的仿真软件为例，进行软件使用的说明，并附有相关的模拟训练项目。

### 5.2.1 广东某水厂给水流程说明

由取水至上水的流程为吸水井、一级泵、加药点、静态混合器、反应沉淀池、V 形过滤池、清水池、二级泵站吸水井、二级泵。

本软件仿真范围包括以下内容：

自来水厂的主要设备设施，包括一级泵站、加药装置、絮凝池、平流沉淀池、过滤池、清水池、二级泵站。具体内容包括这些设施的主要运行参数，不包括部分辅助设施。

水厂包括两套平行独立运行的系统，包括上水管、加氯装置、加氨装置、絮凝池和平流沉淀池、V 形过滤池、清水池。

上水管分为两路。加药（加矾、加碱、加絮凝剂）为统一加到上水管中，各计量泵皆为一用一备。加氯（前加氯）、加氨则分别用两台加氯机和两台加氨机加到 1 号、2 号上水管中，统一设置一台备用加氯机和一台备用加氨机。后加氯也是两用一备，分别加入到 1 号、2 号清水池中。

一级泵站和二级泵站则各只设一个。其中：一级泵站设置 4 台相同的泵，额定流量为 5000m³/h；二级泵站设置 5 台泵，其中 3 台的额定流量为 7000m³/h，两台为 4000m³/h。

仿真内容范围如下。

一级泵站：包括 4 个一级泵的流量、出口压力、给水参数。

加药装置：包括加矾、加氯、加碱、加氨、加助凝剂等装置。

反应沉淀池：包括液位、进出浊度等参数。

过滤池：包括出口浊度及状态指示。

清水池：包括液位。

二级泵站：包括吸水井液位以及二级泵的出口压力、流量及上水流量。

### 5.2.2 给水的质量监控

在自来水厂中，大致有 4 处水质监测点，在管网中还有若干处水质监测点。

监测点一：原水，主要监测目标有浊度、pH 值、氨氮、生化需氧量、溶解氧、水温。

监测点二：加药点后，主要监测目标是 SCM（游动电流）。

监测点三：待滤水，主要监测目标是浊度。

监测点四：滤后水。主要监测目标有浊度、pH 值、余氯、细菌总数、大肠菌群数。

主要水质监测指标参考值见表 5.2.1。

表 5.2.1　　　　主要水质监测指标的参考值

| 序号 | 监测指标 | 指标值 |
|:---:|:---:|:---:|
| | 原水 | |
| 1 | 浊度/NTU | ≤1000 |
| 2 | pH 值 | 6.5～8.5 |
| 3 | 氨氮 | ≤0.5mg/L |
| 4 | 生化需氧量（5d、20℃） | ≤3～4mg/L |
| 5 | 溶解氧 | ≥4mg/L |
| | 待滤水 | |
| 6 | 浊度/NTU | ≤10 |
| | 滤后水 | |
| 7 | 浊度 | ≤1NTU |
| 8 | pH 值 | 6.5～8.5 |
| 9 | 余氯 | ≤0.3mg/L |
| 10 | 细菌总数 | ≤100 个/mg |
| 11 | 大肠菌群数 | ≤3 个/L |

### 5.2.3 水厂综合培训项目

培训项目操作指南及处置方法如下，其中，取水泵站如图 5.2.1 所示，送水泵站如图 5.2.2 所示，水厂运行指标见表 5.2.2。

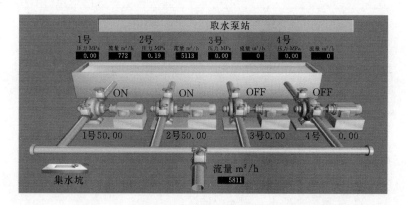

图 5.2.1 取水泵站内布置图

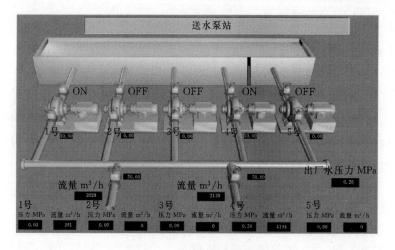

图 5.2.2 送水尖站内布置图

表 5.2.2　　　　　　　　主要水厂运行指标

| 序号 | 监测指标 | 指标值 |
|---|---|---|
| 1 | 总抽水量 | 10300m³/h |
| 2 | 供水量 | 9655m³/h |
| 3 | 供水压力 | 0.425MPa |
| 4 | 清水池液位 | 1.5~3.5m |
| 5 | 反应沉淀池液位 | ≤3.55m |
| 6 | 集水坑液位（一、二级泵） | ≤1.6m |

1. 原水浊度升高

现象：原水浊度升高。

处置方法：改变（加大）加药（絮凝剂、矾液）量，使游动电流仪的读数接近零，同时按絮凝池强制排泥按钮及平流沉淀池缩短排泥周期按钮。

2. 管网余氯低于 0.05mg/L

现象：管网余氯低于 0.05mg/L。

处置方法：增加后加氯及加氨量。接近按比例投加。

3. 出水余氯低于 0.3mg/L

现象：出水余氯低于 0.3mg/L。

处置方法：增加后加氯及加氨量。

4. 一级泵（1）坏

现象：一级泵（1）出口压力和流量急剧下降。

处置方法：如图 5.2.1 所示，关闭一级泵（1）前后阀，同时开一级泵（3）前阀，启动一级泵（3），启动一级泵（3）泵后阀，代替一级泵（1）。

5. 二级泵（1）坏

现象：二级泵（1）出口压力和流量急剧下降。

处置方法：如图 5.2.2 所示，关闭二级泵（1）前后阀，同时开二级（2）泵前阀，启动二级泵（2），启动二级泵（3）泵后阀，代替二级泵（1）。

6. 降负荷至 6000m³/h

要求：关小上水阀，使出水量降低到 6000m³/h。

注意指标：控制清水池高度，达到 3.5m 时停掉一组池，低于 1.5m 时开一组池；控制上水管压力，可关小一台泵。

7. 源水 BOD 高

现象：源水 BOD 高过要求值为 3～4mg/L。

处置方法：增加前加氯量。

8. 源水 pH 值低

现象：源水 pH 值低于标准值 6.5。

处置方法：加碱液。

9. 出水细菌超标

现象：出水细菌超标为 100 个/ml。

处置方法：增加后加氯量及投氨量。

10. 管网压力低于 0.2MPa

现象：管网压力低于 0.2MPa。

处置方法：开大一台泵，提高出水管压力，使管网压力升高。

11. 出水管压力低于 0.39MPa

现象：出水管压力低于 0.39MPa。

处置方法：开大一台泵。建议 5 号泵。

12. 管网压力高于 0.45MPa

现象：管网压力高于 0.45MPa。

处置方法：关小一台泵。建议 4 号泵。

13. 一级泵水泵前轴温高

现象：一级泵水泵前轴温高于报警值。

处置方法：更换另一台泵运行。关闭轴温高的泵。

14. 二级泵水泵电机温度高

现象：二级泵水泵电机温度高于报警值。

处置方法：更换另一台泵运行。关闭电机温度高的泵。

15. 一级泵排水液位高于1.6m且自动排水失灵

现象：一级泵排水液位高于1.6m，且自动排水泵未动作。

处置方法：手工启动备用排水泵。

16. 二级泵排水液位高于1.6m且自动排水失灵

现象：二级泵排水液位高于1.6m，且自动排水泵未动作。

处置方法：手工启动备用排水泵。

17. 漏氯吸收装置自动坏，漏氯

现象：漏氯报警亮，且吸氯装置未动作。

处置方法：手工启动漏氯吸收装置。

### 5.2.4　培训项目评分标准

（1）源水浊度升高，升高至650。

质量：

1）游动电流仪读数，＋200～－100（25分）。

2）配水浊度，0～1（25分）。

3）待滤水浊度一，0～8（25分）。

4）待滤水浊度二，0～8（25分）。

步骤：

1）增大絮凝剂用量，开大加絮凝剂泵或加絮凝剂备用泵（50分）。

2）按絮凝池强制排泥按钮（20分）。

3）平流沉淀池缩短排泥周期按钮（30分）。

（2）管网余氯低于0.05。

质量：管网余氯，0.05～0.3（100分）。

步骤：增加加氯量（后加氯）（100分）。

（3）出水余氯低于0.3。

质量：出水余氯0.3～1（100分）。

步骤：增加加氯量（后加氯）（100分）。

（4）一级泵（1）坏。

质量：一级泵站抽水量，8000～12000（100分）。

步骤：

1）关闭一级泵（1）入口阀（20分）。

2）关闭一级泵（1）出口阀（20分）。

3）打开一级泵（3）入口阀（20分）。

4）打开一级泵（3）（20分）。

5）打开一级泵（3）出口阀（20分）。

（5）二级泵（1）坏。

质量：二级泵站吸水流量，8000～10000（100分）。

步骤：

1）关闭二级泵（1）入口阀（20分）。

2）关闭二级泵（2）出口阀（20分）。

3）打开二级泵（2）入口阀（20分）。

4）打开二级泵（2）（20分）。

5）打开二级泵（2）出口阀（20分）。

（6）降负荷至 $6000m^3/h$。

质量：

1）清水池一液位，1～4.5（30分）。

2）清水池二液位，1～4.5（30分）。

3）上水流量，5000～7000（40分）。

步骤：

1）关闭二级泵（4）前阀（30分）。

2）关闭二级泵（4）（40分）。

3）关闭二级泵（4）后阀（30分）。

（7）源水 BOD 高。

质量：

1）待滤水浊度一，0.4～6.4（50分）。

2）待滤水浊度二，0.4～6.4（50分）。

步骤：加大前加氯量（100分）。

（8）源水 pH 值低。

质量：出厂水 pH 值，6.5～8.5（100分）。

步骤：开加碱泵（100分）。

（9）出水细菌超标。

质量：出水细菌数，0～100（100分）。

步骤：

1）开大后加氯量（60分）。

2）开大加氨量（40分）。

（10）管网压力低于0.2MPa。

质量：管网压力，0.2～0.45。

步骤：

1）打开二级泵（5）前阀（30分）。

2）打开二级泵（5）（40分）。

3）打开二级泵（5）后阀（30分）。

（11）出水管压力低于0.39MPa。

质量：出水管压力，0.36～0.5（100分）。

步骤：

1）打开二级泵（5）前阀（30分）。

2）打开二级泵（5）（40分）。

3）打开二级泵（5）后阀（30分）。

（12）管网压力高于0.45MPa。

质量：上水管压力，0.37～0.47（100分）。

步骤：

1）关闭二级泵（4）泵后阀（30分）。

2）关闭二级泵（4）（40分）。

3）关闭二级泵（4）泵前阀（30分）。

（13）一级泵水泵前轴温高。

质量：一级泵上水量，8000～12000（100分）。

步骤：

1）关闭一级泵（1）入口阀（15分）。

2）关闭一级泵（1）（20分）。

3）关闭一级泵（1）出口阀（15分）。

4）打开一级泵（3）入口阀（15分）。

5）打开一级泵（3）（20 分）。

6）打开一级泵（3）出口阀（15 分）。

（14）二级泵水泵电机温度高。

质量：二级泵上水流量 7600～11600（100 分）。

步骤：

1）关闭二级泵（1）入口阀（15 分）。

2）关闭二级泵（1）（20 分）。

3）关闭二级泵（1）出口阀（15 分）。

4）打开二级泵（2）入口阀（15 分）。

5）打开二级泵（2）（20 分）。

6）打开二级泵（2）出口阀（15 分）。

（15）一级泵排水液位高于 1.6m，且自动排水失灵。

质量：一级泵排水坑液位 0～1.6（100 分）。

步骤：开一级泵排水备用泵（100 分）。

（16）二级泵排水液位高于 1.6m，且自动排水失灵。

质量：二级泵排水坑液位 0～1.6（100 分）。

步骤：开二级泵排水备用泵（100 分）。

（17）漏氯吸收装置自动坏，漏氯。

质量：无。

步骤：手动打开吸收装置开关（100 分）。

## 5.2.5 水厂 V 形滤池单元培训项目

1. 概述

为了紧密结合实际给水生产过程，又达到培训要求，并且有效评价学生的实习成绩，特制定以下操作规程，希望在操作时认真遵守。

本软件（给水 V 形滤池单元）包括正常操作和反冲洗操作，及 5 个培训项目，如图 5.2.3 和图 5.2.4 所示。正常操作是指在过滤池处于过滤状态，过滤池的出水阀处于自动状态，没有其他操作。反冲洗操作是指某个过滤池的水头损失达到要求，需要进行反冲洗。基本参数的确认：在仿真过滤阶段，仿真运行 1s，相当于实际运行 36s，这样设定是为了适应教学需要。在反冲洗阶段，仿真运行 1s，相当于实际运行 1.6s。

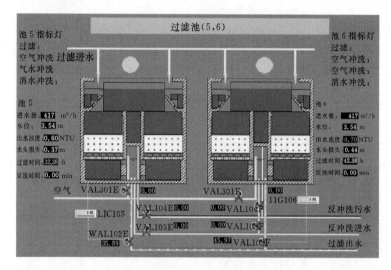

图 5.2.3　滤池平面图

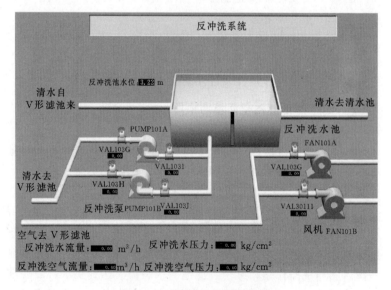

图 5.2.4　滤池及冲洗系统平面图

进行反冲洗的判断标准：过滤时间超限，（48h）；或者过滤出水浊度大于1.0NTU；或者过滤水头损失大于0.5m。

2. 正常运行操作

反冲洗操作顺序和用时分配：

需要用时10min。

其中，放水约30s；空气吹洗1min；空气/水吹洗2min；水洗3min；放水30s；进水及调出水阀2min。

反冲洗操作：

（1）打开反冲洗污水阀VAL104F（100）。条件：满足反冲洗的判断标准，或事故状态。

（2）关闭过滤出水阀VAL102F（0）。条件：VAL104F开。

（3）启动风机FAN101A/B。条件：VAL104F开。

（4）打开风机后阀VAL301G/H（100），VAL301F（100）。条件：VAL104F开。

（5）打开反冲洗泵的前阀VAL103I/J（100）。条件：VAL104F开。

（6）启动反冲洗泵PUMP101A/B。条件：VAL104F开和VAL103I/J开。

（7）打开反冲洗泵的后阀VAL301G/H（100）。条件：VAL104F开。

（8）打开过滤池的反冲洗进水阀VAL103F（100）。条件：VAL104F开，PUMP101A/B开。

（9）关闭过滤池进空气阀VAL301F（100）和VAL301G/H（100）。条件：VAL104F开，PUMP101A/B开。

（10）关闭反冲洗风机FAN301A/B。条件：VAL104F开，PUMP101A/B开。

（11）2min后，关闭过滤池的反冲洗进水阀VAL103F（0）。条件：VAL104F开，时间到。

（12）打开过滤池出水阀VAL102F（15）。条件：VAL104F开，PUMP101A/B关。

（13）关闭反冲洗污水阀 VAL104F（0）。条件：VAL102F 开。

（14）逐步打开 VAL102F（20），等 3.5m 时投入自动。

3. 培训项目

5 个培训项目：滤池反冲洗（时间超限），滤池反冲洗（水头损失超限），水位超过 3.6m，泵 101A 坏，两个滤池同时要求反冲洗。

（1）当设定滤池反冲洗（时间超限）时，过滤池 5 很快进入反冲洗状态。

操作顺序和用时分配：

需要用时 10min。

其中，放水约 30s；空气吹洗 1min；空气/水吹洗 2min；水洗 3min；放水 30s；进水及调出水阀 2min。

具体反冲洗操作如下：

1）打开反冲洗污水阀 VAL104E（100）。条件：满足反冲洗的判断标准，或事故状态。

2）关闭过滤出水阀 VAL102E（0）。条件：VAL104E 开。

3）启动风机 FAN101A/B。条件：VAL104E 开。

4）打开风机后阀 VAL301G/H（100），VAL301E（100）。条件：VAL104E 开。

5）打开反冲洗泵的前阀 VAL103I/J（100）。条件：VAL104E 开。

6）启动反冲洗泵 PUMP101A/B。条件：VAL104E 开和 VAL103I/J 开。

7）打开反冲洗泵的后阀 VAL301G/H（100）。条件：VAL104E 开。

8）打开过滤池的反冲洗进水阀 VAL103E（100）。条件：VAL104E 开，PUMP101A/B 开。

9）关闭过滤池进空气阀 VAL301E（100）和 VAL301G/H（100）。条件：VAL104E 开，PUMP101A/B 开。

10）关闭反冲洗风机 FAN301A/B。条件：VAL104E 开，PUMP101A/B 开。

11）2min 后，关闭过滤池的反冲洗进水阀 VAL103E（0）。条件：VAL104E 开，时间到。

12）打开过滤池出水阀 VAL102E（15）。条件：VAL104E 开，PUMP101A/B 关。

13）关闭反冲洗污水阀 VAL104E（0）。条件：VAL102E 开。

14）逐步打开 VAL102E（20），等 3.5m 时投入自动。

（2）当设定滤池反冲洗（水头损失超限）时，过滤池 4 很快进入反冲洗状态。

操作顺序和用时分配：

需要用时 10min。

其中，放水约 30s；空气吹洗 1min；空气/水吹洗 2min；水洗 3min；放水 30s；进水及调出水阀 2min。

具体反冲洗操作如下：

1）打开反冲洗污水阀 VAL104D（100）。条件：满足反冲洗的判断标准，或事故状态。

2）关闭过滤出水阀 VAL102D（0）。条件：VAL104D 开。

3）启动风机 FAN101A/B。条件：VAL104D 开。

4）打开风机后阀 VAL301G/H（100），VAL301D（100）。条件：VAL104D 开。

5）打开反冲洗泵的前阀 VAL103I/J（100）。条件：VAL104D 开。

6）启动反冲洗泵 PUMP101A/B。条件：VAL104D 开和 VAL103I/J 开。

7）打开反冲洗泵的后阀 VAL301G/H（100）。条件：VAL104D 开。

8）打开过滤池的反冲洗进水阀 VAL103D（100）。条件：VAL104D 开，PUMP101A/B 开。

9）关闭过滤池进空气阀 VAL301D（100）和 VAL301G/H

（100）。条件：VAL104D 开，PUMP101A/B 开。

10）关闭反冲洗风机 FAN301A/B。条件：VAL104D 开，PUMP101A/B 开。

11）2min 后，关闭过滤池的反冲洗进水阀 VAL103D（0）。条件：VAL104D 开，时间到。

12）打开过滤池出水阀 VAL102D（15）。条件：VAL104D 开，PUMP101A/B 关。

13）关闭反冲洗污水阀 VAL104D（0）。条件：VAL102D 开。

14）逐步打开 VAL102D（20），等 3.5m 时投入自动。

（3）当设定水位超过 3.6m 时，过滤池进入过滤状态。

操作顺序和用时分配：

需要用时 5min。

相应的出水阀开度 4min。

具体操作如下：

1）将 VAL102A 打手动（MAN）。

2）将 VAL102A 的开度增大 3～5，待水位降到 3.5m 时，返回原值，投入自动（Auto）。

（4）当设定泵 101A 坏时，过滤池 3 很快进入反冲洗状态。

注：泵 101A 是反冲洗水泵，因此要先有至少一个池处于反冲洗状态。

操作顺序和用时分配：

需要用时 10min。

其中，放水约 30s；空气吹洗 1min；空气/水吹洗 2min；水洗：3min；放水：30s；进水及调出水阀 2min。

具体反冲洗操作如下：

1）打开反冲洗污水阀 VAL104C（100）。条件：满足反冲洗的判断标准，或事故状态。

2）关闭过滤出水阀 VAL102C（0）。条件：VAL104C 开。

3）启动风机 FAN101A/B。条件：VAL104C 开。

4）打开风机后阀 VAL301G/H（100），VAL301C（100）。条件：VAL104C 开。

5）打开反冲洗泵的前阀 VAL103J（100）。条件：VAL104C 开。

6）启动反冲洗泵 PUMP101B。条件：VAL104C 开和 VAL103J 开。

7）打开反冲洗泵的后阀 VAL301G/H（100）。条件：VAL104C 开。

8）打开过滤池的反冲洗进水阀 VAL103C（100）。条件：VAL104C 开，PUMP101B 开。

9）关闭过滤池进空气阀 VAL301C（100）和 VAL301G/H（100）。条件：VAL104D 开，PUMP101B 开。

10）关闭反冲洗风机 FAN301A/B。条件：VAL104C 开，PUMP101B 开。

11）2min 后，关闭过滤池的反冲洗进水阀 VAL103C（0）。条件：VAL104C 开，时间到。

12）打开过滤池出水阀 VAL102C（15）。条件：VAL104C 开，PUMP101A/B 关。

13）关闭反冲洗污水阀 VAL104C（0）。条件：VAL102C 开。

14）逐步打开 VAL102C（20），等 3.5m 时投入自动。

（5）当设定两个滤池同时要求反冲洗时，过滤池 2、6 很快进入反冲洗状态。

操作顺序和用时分配：

需要用时 15min。

其中，池 6 放水约 30s；过滤池 6 空气吹洗 30s；过滤池 6 空气/水吹洗 1min；过滤池 6 水洗 2min；过滤池 6 放水 30s；过滤池 6 进水及调出水阀 2min；过滤池 2 放水约 30s；过滤池 2 空气吹洗 30s；过滤池 2 空气/水吹洗 1min；过滤池

2 水洗 2min；过滤池 2 放水 30s；过滤池 2 进水及调出水阀 2min。

具体反冲洗操作如下：

1）打开反冲洗污水阀 VAL104F（100）。条件：满足反冲洗的判断标准，或事故状态。

2）关闭过滤出水阀 VAL102F（0）。条件：VAL104F 开。

3）启动风机 FAN101A/B。条件：VAL104F 开。

4）启动反冲洗泵 PUMP101A/B。条件：VAL104F 开。

5）关闭风机 FAN101A/B。条件：VAL104F 开。

6）关闭反冲洗泵 PUMP101A/B。条件：VAL104F 开，PUMP101A/B 开。

7）打开过滤池出水阀 VAL102F（15）。条件：VAL104F 开，PUMP101A/B 关。

8）关闭反冲洗污水阀 VAL104F（0）。条件：VAL102F 开。

9）逐步打开 VAL102F（20），等 3.5M 时投入自动。

10）打开反冲洗污水阀 VAL104B（100）。条件：满足反冲洗的判断标准，或事故状态。

11）关闭过滤出水阀 VAL102B（0）。条件：VAL104B 开。

12）启动风机 FAN101A/B。条件：VAL104B 开。

13）启动反冲洗泵 PUMP101A/B。条件：VAL104B 开。

14）关闭风机 FAN101A/B。条件：VAL104B 开。

15）关闭反冲洗泵 PUMP101A/B。条件：VAL104B 开，PUMP101A/B 开。

16）打开过滤池出水阀 VAL102B（15）。条件：VAL104B 开，PUMP101A/B 关。

17）关闭反冲洗污水阀 VAL104B（0）。条件：VAL102B 开。

18）逐步打开 VAL102B（20），等 3.5m 时投入自动。

4. 培训项目评分标准

各培训项目的评分标准见表 5.2.3～表 5.2.7。

表 5.2.3　　　滤池反冲洗评分标准（时间超限）

| 步骤编号 | 描述 | 起始条件 | 终止条件/动作 | 评分 |
|---|---|---|---|---|
| 1 | 是对过滤池5进行操作，主要是顺序操作，应在操作之前，记住操作步骤 | 过滤池5标志旗变红 | 打开过滤池反冲洗污水阀 | 10 |
| 2 | | | 关闭过滤出水阀 | 5 |
| 3 | | 关闭过滤出水阀 | 启动风机 | 10 |
| 4 | | | 打开风机后阀，打开过滤池进空气阀，通空气约40s | 10 |
| 5 | | 打开风机后阀，打开过滤池进空气阀，通空气约40s | 打开反冲洗水泵的前阀 | 5 |
| 6 | | 打开反冲洗水泵的前阀 | 启动反冲洗水泵 | 10 |
| 7 | | | 打开反冲洗水泵的后阀 | 5 |
| 8 | | 打开反冲洗水泵的后阀 | 打开过滤池的反冲洗进水阀，约2min | 5 |
| 9 | | | 关闭过滤池进空气阀，关闭风机后阀 | 10 |
| 10 | | | 关闭反冲洗风机 | 5 |
| 11 | | 关闭反冲洗风机 | 2min后，关闭过滤池的反冲洗进水阀 | 5 |
| 12 | | 关闭过滤池的反冲洗进水阀 | 逐步打开过滤池出水阀 | 10 |
| 13 | | 逐步打开过滤池出水阀 | 关闭反冲洗污水阀 | 10 |
| 14 | | | 逐步打开 VAL102E 到20，等3.5m时投入自动 | 5 |

表 5.2.4　　　　滤池反冲洗评分标准（水头损失超限）

| 步骤编号 | 描　述 | 起始条件 | 终止条件/动作 | 评分 |
|---|---|---|---|---|
| 1 | | 过滤池 4 标志旗变红 | 打开过滤池反冲洗污水阀 | 10 |
| 2 | | | 关闭过滤出水阀 | 5 |
| 3 | | 关闭过滤出水阀 | 启动风机 | 10 |
| 4 | | | 打开风机后阀，打开过滤池进空气阀，通空气约 40s | 10 |
| 5 | | 打开风机后阀，打开过滤池进空气阀，通空气约 40s | 打开反冲洗水泵的前阀 | 5 |
| 6 | | 打开反冲洗水泵的前阀 | 启动反冲洗水泵 | 10 |
| 7 | 是对过滤池 4 进行操作，主要是顺序操作，应在操作之前，记住操作步骤 | | 打开反冲洗水泵的后阀 | 5 |
| 8 | | 打开反冲洗水泵的后阀 | 打开过滤池的反冲洗进水阀，约 2min | 5 |
| 9 | | | 关闭过滤池进空气阀，关闭风机后阀 | 10 |
| 10 | | | 关闭反冲洗风机 | 5 |
| 11 | | 关闭反冲洗风机 | 2min 后，关闭过滤池的反冲洗进水阀 | 5 |
| 12 | | 关闭过滤池的反冲洗进水阀 | 逐步打开过滤池出水阀 | 10 |
| 13 | | 逐步打开过滤池出水阀 | 关闭反冲洗污水阀 | 10 |
| 14 | | | 逐步打开 VAL102E 到 20，等 3.5m 时投入自动 | 0 |

**表 5.2.5　　　　　　　水位超过 3.6m 评分标准**

| 步骤编号 | 描述 | 起始条件 | 终止条件/动作 | 评分 |
|---|---|---|---|---|
| 1 | 对过滤池 1 进行操作，注意操作顺序 | $H \geqslant 3.6m$ | 改为手动 | 40 |
| 2 | | | 开大 VAL102A 直到进入范围，相对平稳，投自动 | 60 |

**表 5.2.6　　　　　　　泵 101A 坏评分标准**

| 步骤编号 | 描述 | 起始条件 | 终止条件/动作 | 评分 |
|---|---|---|---|---|
| 1 | | 过滤池 3 标志旗变红 | 打开过滤池反冲洗污水阀 | 8 |
| 2 | | | 关闭过滤出水阀 | 8 |
| 3 | | 关闭过滤出水阀 | 启动风机 | 10 |
| 4 | | | 打开风机后阀，打开过滤池进空气阀，通空气约 40s | 15 |
| 5 | | 打开风机后阀，打开过滤池进空气阀，通空气约 40s | 开 VAL103J | 15 |
| 6 | 是对过滤池 3 进行操作，主要是顺序操作，应在操作之前，记住操作步骤 | 开 VAL103J | 启动 PUMP101B | 10 |
| 7 | | | 打开 VAL103H | 15 |
| 8 | | 打开 VAL103H | 打开过滤池的反冲洗进水阀，约 2min | |
| 9 | | | 关闭过滤池进空气阀，关闭风机后阀 | |
| 10 | | | 关闭反冲洗风机 | |
| 11 | | 关闭反冲洗风机 | 2min 后，关 VAL103C、VAL103H、PUMP101B | |
| 12 | | 2min 后，关 VAL103C、VAL103H、PUMP101B | 逐步打开过滤池出水阀 | |
| 13 | | 逐步打开过滤池出水阀 | 关闭反冲洗污水阀 | |
| 14 | | | 逐步打开 VAL102E 到 20，等 3.5m 时投入自动 | |

表 5.2.7    两个滤池同时要求反冲洗评分标准

| 步骤编号 | 描述 | 起始条件 | 终止条件/动作 | 评分 |
|---|---|---|---|---|
| 1 | 是对过滤池6、2进行操作，首先对过滤池6进行操作，然后对过滤池2进行操作。主要是顺序操作，应在操作之前，记住操作步骤 | 过滤池6、2标志旗变红 | 打开 VAL104F | 5 |
| 2 | | | 关闭 VAL102F | 5 |
| 3 | | 关闭 VAL102F | 启动 FAN101A/B | 10 |
| 4 | | 启动 FAN101A/B | 启动 PUMP101A/B | 10 |
| 5 | | | 关闭 FAN101A/B | 5 |
| 6 | | 关闭 FAN101A/B | 关闭 PUMP101A/B | 5 |
| 7 | | 关闭 PUMP101A/B | 打开 VAL102F | 5 |
| 8 | | 打开 VAL102F | 关闭 VAL104F | 5 |
| 9 | | | 打开 VAL104B | 5 |
| 10 | | | 关闭 VAL102B | 5 |
| 11 | | 关闭 VAL102B | 启动 FAN101A/B | 10 |
| 12 | | 启动 FAN101A/B | 启动 PUMP101A/B | 10 |
| 13 | | | 关闭 FAN101A/B | 5 |
| 14 | | 关闭 FAN101A/B | 关闭 PUMP101A/B | 5 |
| 15 | | | 打开 VAL102B | 5 |
| 16 | | | 关闭 VAL104B | 5 |

# 附录1　净水工技能标准

1. 初级净水工

（1）知识要求。

1）熟知水处理的基本工艺流程和本岗位操作规程。

2）了解饮用水国家卫生标准分类及出厂水主要指标。

3）掌握常用混凝剂、助凝剂、消毒剂的名称、作用和安全知识。

4）熟知加药设备的工作原理和运行要点。

5）掌握净水工艺基础知识。

6）了解常用化验仪器设备的基本结构、性能及使用方法。

7）熟知本工种岗位的各项规范、规程的要求。

8）了解水厂机泵运行的基础知识。

9）了解计算机的初步知识。

（2）操作要求。

1）按操作规程正确操作本岗位主要净水设备和附属设备。

2）根据水量水质的变化，正确调整药剂加注量。

3）进行余氯、浊度等常规项目的检验操作。

4）对加氯、加药设备进行一般维修保养。

5）掌握有关安全措施，正确使用安全工具。

6）分析判断生产中常见的净水设备故障及一般水质事故，并能采取相应处理措施。

7）准确填写各类日报，做好各项原始记录。

8）正确测定加氯、加矾量，并能算出生产运行过程中的矾、氯单耗。

2. 中级净水工

（1）知识要求。

1）掌握水厂净水构筑物的类型、构造和主要设计参数，运行中的主要技术控制指标。

2）掌握常规净化处理知识。

3）了解饮用水水质标准中各项指标的指标值及主要指标的基本含义。

4）掌握不同原水水质特点及相对应的处理方法。

5）了解各种混凝剂、助凝剂、消毒剂性能及净水原理。

6）了解净水工艺中相关的自动化仪表仪器的基本常识。

7）掌握滤池的砂层级配、工作周期、砂层膨胀率、反冲洗强度及过滤速度等知识。

8）掌握加氯、加药设备（包括自动的）构造及工作原理。

9）了解国外先进净水设备的一般知识。

10）熟知水厂净水过程中的制水调度方式。

11）具有计算机应用的一般知识且掌握基本操作方法。

（2）操作要求。

1）独立进行净水运行各工序的生产操作，处理各工序所发生的一般故障。

2）按照水质检验的操作方法，能对水质常规指标测定。

3）看懂净水构筑物和加氯、加矾设备工艺图。

4）排除净水设备与装置的常见故障。

5）对水厂生产中发生的突发故障能进行正确处理。

6）对净水构筑物及其附属设备大修后的质量验收。

7）熟练使用本岗位各种仪器仪表，正确操作自动化控制设备。

8）进行搅拌试验确定最佳投药量。

9）分析、处理净化过程中的有关问题。

10）对净水构筑物性能进行测定。

11）对初级工示范操作，传授技能。

3.高级净水工

（1）知识要求。

1）掌握水厂净水工艺设计的基础理论知识。

2）熟悉饮用水水质标准中各项指标的含义。

3）了解国内外先进给水工艺的现状和发展趋势。

4）了解净水工艺中自动化控制的基本原理。

5）掌握净水设备运行管理和水质控制管理知识。

6）掌握水厂供水调度方法。

7）掌握本职业的常用外文术语。

（2）操作要求。

1）正确操作本单位净水设备，并能发现和处理净水过程中的疑难问题。

2）熟练掌握原水水质动态和规律，能对不同原水水质进行处理。

3）根据生产需求对本单位净水构筑物、设施现状提出改进意见。

4）根据各种混凝剂、助凝剂、消毒剂的特点，经济、合理地运用。

5）正确判断和处理净水过程中突发事故。

6）具有组织安排生产计划和制水调度的能力。

7）进行耗药实验，确定最佳投药量。

8）熟悉本单位净水设备的性能和特点。

9）对初、中级工示范操作，传授技能。解决本职业操作技术上的疑难问题。

# 附录 2 《生活饮用水卫生标准》
## (GB 5749—2006)

## 1 范围

本标准规定了生活饮用水水质卫生要求、生活饮用水水源水质卫生要求、集中式供水单位卫生要求、二次供水卫生要求、涉及生活饮用水卫生安全产品卫生要求、水质监测和水质检验方法。

本标准适用于城乡各类集中式供水的生活饮用水，也适用于分散式供水的生活饮用水。

## 2 规范性引用文件

下列文件中的条款通过本标准的引用而成为本标准的条款。凡是标注日期的引用文件，其随后所有的修改（不包括勘误内容）或修订版均不适用于本标准，然而，鼓励根据本标准达成协议的各方研究是否可使用这些文件的最新版本。凡是不注明日期的引用文件，其最新版本适用于本标准。

GB 3838 地表水环境质量标准

GB/T 5750 生活饮用水标准检验方法

GB/T 14848 地下水质量标准

GB 17051 二次供水设施卫生规范

GB/T 17218 饮用水化学处理剂卫生安全性评价

GB/T 17219 生活饮用水输配水设备及防护材料的安全性评价标准

CJ/T 206 城市供水水质标准

SL 308 村镇供水单位资质标准

卫生部 生活饮用水集中式供水单位卫生规范

# 3 术语和定义

下列术语和定义适用于本标准。

## 3.1 生活饮用水 (drinking water)

供人生活的饮水和生活用水。

## 3.2 供水方式 (type of water supply)

### 3.2.1 集中式供水 (central water supply)

自水源集中取水,通过输配水管网送到用户或者公共取水点的供水方式,包括自建设施供水。为用户提供日常饮用水的供水站和为公共场所、居民社区提供的分质供水也属于集中式供水。

### 3.2.2 二次供水 (secondary water supply)

集中式供水在入户之前经再度储存、加压和消毒或深度处理,通过管道或容器输送给用户的供水方式。

### 3.2.3 农村小型集中式供水 (small central water supply for rural areas)

日供水在 $1000m^3$ 以下(或供水人口在 1 万人以下)的农村集中式供水。

### 3.2.4 分散式供水 (non‐central water supply)

用户直接从水源取水,未经任何设施或仅有简易设施的供水方式。

## 3.3 常规指标 (regular indices)

能反映生活饮用水水质基本状况的水质指标。

## 3.4 非常规指标 (non‐regular indices)

根据地区、时间或特殊情况需要的生活饮用水水质指标。

# 4 生活饮用水水质卫生要求

## 4.1 生活饮用水水质应符合下列基本要求,保证用户饮用安全。

### 4.1.1 生活饮用水中不得含有病原微生物。

### 4.1.2 生活饮用水中化学物质不得危害人体健康。

### 4.1.3 生活饮用水中放射性物质不得危害人体健康。

### 4.1.4 生活饮用水的感官性状良好。

**4.1.5** 生活饮用水应经消毒处理。

**4.1.6** 生活饮用水水质应符合表1和表3卫生要求。集中式供水出厂水中消毒剂限值、出厂水和管网末梢水中消毒剂余量均应符合表2要求。

**4.1.7** 农村小型集中式供水和分散式供水的水质因条件限制，部分指标可暂按照表4执行，其余指标仍按表1、表2和表3执行。

**4.1.8** 当发生影响水质的突发性公共事件时，经市级以上人民政府批准，感官性状和一般化学指标可适当放宽。

**4.1.9** 当饮用水中含有表1所列指标时，可参考此表限值评价。

**表1**                 **水质常规指标及限值**

| 指　　标 | 限　　值 |
|---|---|
| 1. 微生物指标[①] | |
| 总大肠菌群（MPN/100mL 或 CFU/100mL） | 不得检出 |
| 耐热大肠菌群（MPN/100mL 或 CFU/100mL） | 不得检出 |
| 大肠埃希氏菌（MPN/100mL 或 CFU/100mL） | 不得检出 |
| 菌落总数（CFU/mL） | 100 |
| 2. 毒理指标 | |
| 砷（mg/L） | 0.01 |
| 镉（mg/L） | 0.005 |
| 铬（六价，mg/L） | 0.05 |
| 铅（mg/L） | 0.01 |
| 汞（mg/L） | 0.001 |
| 硒（mg/L） | 0.01 |
| 氰化物（mg/L） | 0.05 |
| 氟化物（mg/L） | 1.0 |
| 硝酸盐（以 N 计，mg/L） | 10<br>地下水源限制时为 20 |
| 三氯甲烷（mg/L） | 0.06 |

| 指　　标 | 限　　值 |
|---|---|
| 四氯化碳（mg/L） | 0.002 |
| 溴酸盐（使用臭氧时，mg/L） | 0.01 |
| 甲醛（使用臭氧时，mg/L） | 0.9 |
| 亚氯酸盐（使用二氧化氯消毒时，mg/L） | 0.7 |
| 氯酸盐（使用复合二氧化氯消毒时，mg/L） | 0.7 |
| 3. 感官性状和一般化学指标 | |
| 色度（铂钴色度单位） | 15 |
| 浑浊度（NTU-散射浊度单位） | 1<br>水源与净水技术条件限制时为 3 |
| 臭和味 | 无异臭、异味 |
| 肉眼可见物 | 无 |
| pH(pH 单位) | 不小于 6.5 且不大于 8.5 |
| 铝（mg/L） | 0.2 |
| 铁（mg/L） | 0.3 |
| 锰（mg/L） | 0.1 |
| 铜（mg/L） | 1.0 |
| 锌（mg/L） | 1.0 |
| 氯化物（mg/L） | 250 |
| 硫酸盐（mg/L） | 250 |
| 溶解性总固体（mg/L） | 1000 |
| 总硬度（以 $CaCO_3$ 计，mg/L） | 450 |
| 耗氧量（$COD_{Mn}$法，以 $O_2$ 计，mg/L） | 3<br>水源限制，原水耗氧量>6mg/L 时为 5 |
| 挥发酚类（以苯酚计，mg/L） | 0.002 |
| 阴离子合成洗涤剂（mg/L） | 0.3 |
| 4. 放射性指标[②] | 指导值 |
| 总 α 放射性（Bq/L） | 0.5 |
| 总 β 放射性（Bq/L） | 1 |

① MPN 表示最可能数；CFU 表示菌落形成单位。当水样检出总大肠菌群时，应进一步检验大肠埃希氏菌或耐热大肠菌群；水样未检出总大肠菌群，不必检验大肠埃希氏菌或耐热大肠菌群。

② 放射性指标超过指导值，应进行核素分析和评价，判定能否饮用。

**表 2**　　　　　　　　　　饮用水中消毒剂常规指标及要求

| 消毒剂名称 | 与水接触时间 | 出厂水中限值 | 出厂水中余量 | 管网末梢水中余量 |
|---|---|---|---|---|
| 氯气及游离氯制剂（游离氯，mg/L） | 至少 30min | 4 | ≥0.3 | ≥0.05 |
| 一氯胺（总氯，mg/L） | 至少 120min | 3 | ≥0.5 | ≥0.05 |
| 臭氧（O₃，mg/L） | 至少 12min | 0.3 | | 0.02 如加氯 总氯≥0.05 |
| 二氧化氯（ClO₂，mg/L） | 至少 30min | 0.8 | ≥0.1 | ≥0.02 |

**表 3**　　　　　　　　　　水质非常规指标及限值

| 指　　　标 | 限值 |
|---|---|
| 1. 微生物指标 | |
| 贾第鞭毛虫（个/10L） | <1 |
| 隐孢子虫（个/10L） | <1 |
| 2. 毒理指标 | |
| 锑（mg/L） | 0.005 |
| 钡（mg/L） | 0.7 |
| 铍（mg/L） | 0.002 |
| 硼（mg/L） | 0.5 |
| 钼（mg/L） | 0.07 |
| 镍（mg/L） | 0.02 |
| 银（mg/L） | 0.05 |
| 铊（mg/L） | 0.0001 |
| 氯化氰（以 CN⁻ 计，mg/L） | 0.07 |
| 一氯二溴甲烷（mg/L） | 0.1 |
| 二氯一溴甲烷（mg/L） | 0.06 |
| 二氯乙酸（mg/L） | 0.05 |
| 1，2-二氯乙烷（mg/L） | 0.03 |
| 二氯甲烷（mg/L） | 0.02 |

| 指　标 | 限值 |
|---|---|
| 三卤甲烷（三氯甲烷、一氯二溴甲烷、二氯一溴甲烷、三溴甲烷的总和） | 该类化合物中各种化合物的实测浓度与其各自限值的比值之和不超过1 |
| 1，1，1-三氯乙烷（mg/L） | 2 |
| 三氯乙酸（mg/L） | 0.1 |
| 三氯乙醛（mg/L） | 0.01 |
| 2，4，6-三氯酚（mg/L） | 0.2 |
| 三溴甲烷（mg/L） | 0.1 |
| 七氯（mg/L） | 0.0004 |
| 马拉硫磷（mg/L） | 0.25 |
| 五氯酚（mg/L） | 0.009 |
| 六六六（总量，mg/L） | 0.005 |
| 六氯苯（mg/L） | 0.001 |
| 乐果（mg/L） | 0.08 |
| 对硫磷（mg/L） | 0.003 |
| 灭草松（mg/L） | 0.3 |
| 甲基对硫磷（mg/L） | 0.02 |
| 百菌清（mg/L） | 0.01 |
| 呋喃丹（mg/L） | 0.007 |
| 林丹（mg/L） | 0.002 |
| 毒死蜱（mg/L） | 0.03 |
| 草甘膦（mg/L） | 0.7 |
| 敌敌畏（mg/L） | 0.001 |
| 莠去津（mg/L） | 0.002 |
| 溴氰菊酯（mg/L） | 0.02 |
| 2，4-滴（mg/L） | 0.03 |
| 滴滴涕（mg/L） | 0.001 |
| 乙苯（mg/L） | 0.3 |
| 二甲苯（mg/L） | 0.5 |

| 指　　标 | 限值 |
|---|---|
| 1，1-二氯乙烯（mg/L） | 0.03 |
| 1，2-二氯乙烯（mg/L） | 0.05 |
| 1，2-二氯苯（mg/L） | 1 |
| 1，4-二氯苯（mg/L） | 0.3 |
| 三氯乙烯（mg/L） | 0.07 |
| 三氯苯（总量，mg/L） | 0.02 |
| 六氯丁二烯（mg/L） | 0.0006 |
| 丙烯酰胺（mg/L） | 0.0005 |
| 四氯乙烯（mg/L） | 0.04 |
| 甲苯（mg/L） | 0.7 |
| 邻苯二甲酸二（2-乙基己基）酯（mg/L） | 0.008 |
| 环氧氯丙烷（mg/L） | 0.0004 |
| 苯（mg/L） | 0.01 |
| 苯乙烯（mg/L） | 0.02 |
| 苯并（a）芘（mg/L） | 0.00001 |
| 氯乙烯（mg/L） | 0.005 |
| 氯苯（mg/L） | 0.3 |
| 微囊藻毒素-LR（mg/L） | 0.001 |
| 3. 感官性状和一般化学指标 | |
| 氨氮（以 N 计，mg/L） | 0.5 |
| 硫化物（mg/L） | 0.02 |
| 钠（mg/L） | 200 |

表4　农村小型集中式供水和分散式供水部分水质指标及限值

| 指　　标 | 限　　值 |
|---|---|
| 1. 微生物指标 | |
| 菌落总数（CFU/mL） | 500 |

| 指　　标 | 限　　值 |
|---|---|
| 2. 毒理指标 | |
| 砷（mg/L） | 0.05 |
| 氟化物（mg/L） | 1.2 |
| 硝酸盐（以 N 计，mg/L） | 20 |
| 3. 感官性状和一般化学指标 | |
| 色度（铂钴色度单位） | 20 |
| 浑浊度（NTU－散射浊度单位） | 3<br>水源与净水技术条件限制时为 5 |
| pH（pH 单位） | 不小于 6.5 且不大于 9.5 |
| 溶解性总固体（mg/L） | 1500 |
| 总硬度（以 $CaCO_3$ 计，mg/L） | 550 |
| 耗氧量（$COD_{Mn}$法，以 $O_2$ 计，mg/L） | 5 |
| 铁（mg/L） | 0.5 |
| 锰（mg/L） | 0.3 |
| 氯化物（mg/L） | 300 |
| 硫酸盐（mg/L） | 300 |

## 5　生活饮用水水源水质卫生要求

**5.1**　采用地表水为生活饮用水水源时应符合 GB 3838 要求。

**5.2**　采用地下水为生活饮用水水源时应符合 GB/T 14848 要求。

## 6　集中式供水单位卫生要求

　　集中式供水单位的卫生要求应按照卫生部《生活饮用水集中式供水单位卫生规范》执行。

## 7　二次供水卫生要求

　　二次供水的设施和处理要求应按照 GB 17051 执行。

## 8　涉及生活饮用水卫生安全产品卫生要求

**8.1**　处理生活饮用水采用的絮凝、助凝、消毒、氧化、吸附、

pH 值调节、防锈、阻垢等化学处理剂不应污染生活饮用水，应符合 GB/T 17218 要求。

**8.2** 生活饮用水的输配水设备、防护材料和水处理材料不应污染生活饮用水，应符合 GB/T 17219 要求。

## 9 水质监测

### 9.1 供水单位的水质检测

供水单位的水质检测应符合以下要求：

**9.1.1** 供水单位的水质非常规指标选择由当地县级以上供水行政主管部门和卫生行政部门协商确定。

**9.1.2** 城市集中式供水单位水质检测的采样点选择、检验项目和频率、合格率计算按照 CJ/T 206 执行。

**9.1.3** 村镇集中式供水单位水质检测的采样点选择、检验项目和频率、合格率计算按照 SL 308 执行。

**9.1.4** 供水单位水质检测结果应定期报送当地卫生行政部门，报送水质检测结果的内容和办法由当地供水行政主管部门和卫生行政部门商定。

**9.1.5** 当饮用水水质发生异常时应及时报告当地供水行政主管部门和卫生行政部门。

### 9.2 卫生监督的水质监测

卫生监督的水质监测应符合以下要求：

**9.2.1** 各级卫生行政部门应根据实际需要定期对各类供水单位的供水水质进行卫生监督、监测。

**9.2.2** 当发生影响水质的突发性公共事件时，由县级以上卫生行政部门根据需要确定饮用水监督、监测方案。

**9.2.3** 卫生监督的水质监测范围、项目、频率由当地市级以上卫生行政部门确定。

## 10 水质检验方法

生活饮用水水质检验应按照 GB/T 5750 执行。